普通高等教育"十一五"国家级规划教材

2 1 世 纪 计 算 机 科 学 与 技 术 实 践 型 教 程

丛书主编 陈明

张宝剑 苗国义 主编

Visual Basic程序设计案例教程

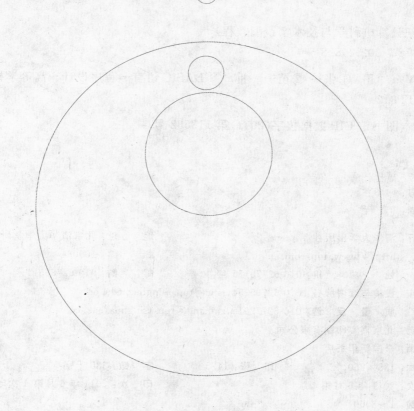

清华大学出版社

北京

内容简介

本书采用"案例驱动"的编写方式,以案例的形式深入浅出地介绍了 Visual Basic 6.0 编程的基础知识和基本方法,着重培养学生面向对象的编程能力。全书分为 9 章,主要内容有 Visual Basic 6.0 概述、Visual Basic 编程基础、数组、过程设计、窗体与控件、界面设计、文件操作、图形设计、数据库编程基础等。

本书在每章后面精选了多种类型的习题和实验,有助于读者巩固所学知识,培养编程能力。

本书可作为各类高等院校计算机公共基础课 Visual Basic 程序设计课程的教材,也可供相关计算机爱好者参考使用。

图书在版编目(CIP)数据

Visual Basic 程序设计案例教程 / 张宝剑,苗国义主编 . —北京:清华大学出版社,2011.6

(21 世纪计算机科学与技术实践型教程)

ISBN 978-7-302-25828-5

Ⅰ. ①V… Ⅱ. ①张… ②苗… Ⅲ. ① BASIC 语言－程序设计－高等学校－教材

Ⅳ. ①TP312

中国版本图书馆 CIP 数据核字(2011)第 113532 号

责任编辑:汪汉友
责任校对:时翠兰
责任印制:何　芊

出版发行:清华大学出版社		地　　址:北京清华大学学研大厦 A 座	
http://www.tup.com.cn		邮　　编:100084	
社　总　机:010-62770175		邮　　购:010-62786544	
投稿与读者服务:010-62795954,jsjjc@tup.tsinghua.edu.cn.			
质　量　反　馈:010-62772015,zhiliang@tup.tsinghua.edu.cn			

印　装　者:北京嘉实印刷有限公司

经　　销:全国新华书店

开　　本:185×260　　印　张:14.5　　字　数:335 千字

版　　次:2011 年 6 月第 1 版　　印　次:2011 年 6 月第 1 次印刷

印　　数:1～3000

定　　价:24.00 元

产品编号:042624-01

《21 世纪计算机科学与技术实践型教程》

序

  21 世纪影响世界的三大关键技术：以计算机和网络为代表的信息技术；以基因工程为代表的生命科学和生物技术；以纳米技术为代表的新型材料技术。信息技术居三大关键技术之首。国民经济的发展采取信息化带动现代化的方针，要求在所有领域中迅速推广信息技术，导致需要大量的计算机科学与技术领域的优秀人才。

  计算机科学与技术的广泛应用是计算机学科发展的原动力，计算机科学是一门应用科学。因此，计算机学科的优秀人才不仅应具有坚实的科学理论基础，而且更重要的是能将理论与实践相结合，并具有解决实际问题的能力。培养计算机科学与技术的优秀人才是社会的需要、国民经济发展的需要。

  制定科学的教学计划对于培养计算机科学与技术人才十分重要，而教材的选择是实施教学计划的一个重要组成部分，《21 世纪计算机科学与技术实践型教程》主要考虑了下述两方面。

  一方面，高等学校的计算机科学与技术专业的学生，在学习了基本的必修课和部分选修课程之后，立刻进行计算机应用系统的软件和硬件开发与应用尚存在一些困难，而《21 世纪计算机科学与技术实践型教程》就是为了填补这部分空白。将理论与实际联系起来，使学生不仅学会了计算机科学理论，而且也学会应用这些理论解决实际问题。

  另一方面，计算机科学与技术专业的课程内容需要经过实践练习，才能深刻理解和掌握。因此，本套教材增强了实践性、应用性和可理解性，并在体例上做了改进——使用案例说明。

  实践型教学占有重要的位置，不仅体现了理论和实践紧密结合的学科特征，而且对于提高学生的综合素质，培养学生的创新精神与实践能力有特殊的作用。因此，研究和撰写实践型教材是必需的，也是十分重要的任务。优秀的教材是保证高水平教学的重要因素，选择水平高、内容新、实践性强的教材可以促进课堂教学质量的快速提升。在教学中，应用实践型教材可以增强学生的认知能力、创新能力、实践能力以及团队协作和交流表达能力。

  实践型教材应由教学经验丰富、实际应用经验丰富的教师撰写。此系列教材的作者不但从事多年的计算机教学，而且参加并完成了多项计算机类的科研项目，他们把积累的经验、知识、智慧、素质融合于教材中，奉献给计算机科学与技术的教学。

  我们在组织本系列教材过程中，虽然经过了详细地思考和讨论，但毕竟是初步的尝试，不完善甚至缺陷不可避免，敬请读者指正。

本系列教材主编 陈明

2005 年 1 月于北京

前　言

　　根据高等院校计算机公共基础课的实际需求,结合一线任课教师对 Visual Basic 程序设计课程的教学和应用开发的经验体会,我们组织有教学经验的老师认真编写了本书。

　　Visual Basic(简称 VB)是 Microsoft 公司推出的一种 Windows 应用程序开发工具。由于其具有简单、易学易用、功能强大等优点,深受编程开发人员和程序设计初学者的青睐。Visual Basic 6.0 是 Visual Basic. NET 之前最流行和成熟的版本。本书以 Visual Basic 6.0 为开发环境,详细介绍了 Visual Basic 程序设计的各种基本知识和设计方法。

　　全书共分 9 章,内容安排如下。

　　第 1 章主要介绍了 Visual Basic 语言的发展历史、特点、Visual Basic 6.0 集成开发环境以及 Visual Basic 6.0 程序设计的步骤。

　　第 2 章主要包括 Visual Basic 程序设计所需的基础语法知识,如数据类型、常量和变量、运算符和表达式、常用内部函数、程序的 3 种控制结构等。

　　第 3 章介绍了 Visual Basic 程序设计中有关数组使用的基本语法知识,如数组的概念、数组的定义及其引用方法、动态数组、与数组有关的常用算法等。

　　第 4 章系统地介绍了 Visual Basic 程序设计中有关过程的基本知识,包括 Sub 过程和函数过程的定义和调用方法、过程和变量的作用域和生存期等。

　　第 5 章详细介绍了窗体的基本设置方法以及常用系统控件的使用方法。

　　第 6 章主要介绍了菜单编辑器的使用方法、通用对话框控件的使用方法、工具栏和状态栏的设计方法。

　　第 7 章主要介绍了文件系统控件、与文件管理操作有关的常用语句和函数的使用方法等。

　　第 8 章详细介绍了 Visual Basic 中图形设计的基础知识和技巧。

　　第 9 章主要介绍了数据库的基本概念、SQL 语言、Visual Basic 中数据库的常用访问方式、Data 控件的用法等。

　　本书的编写特色如下:

　　(1) 采用"案例驱动"的编写方式,通过一个个案例,深入浅出地说明 Visual Basic 6.0 的基本语法知识和程序设计方法。每个案例分为"案例效果"、"设计过程"、"相关知识" 3 个环节,循序渐进地让读者体会到 Visual Basic 语言编程的基本思想和方法。

（2）每章后面精选了各种类型的习题和上机题目，方便读者巩固所学知识，提高动手能力。

（3）配备有完善的教学资源。

本书由张宝剑、苗国义主编，参加编写工作的还有张顺利、张佳、孔德川、白林峰、宋军平、张彦伟。

由于时间仓促和编者水平有限，书中难免有不足之处，恳请读者批评指正。

编　者

2011 年 5 月

目　　录

第 1 章 Visual Basic 6.0 概述

本章要点：

本章介绍 Visual Basic 语言的发展历史、特点以及 Visual Basic 6.0 集成开发环境的使用，最后通过一个案例来介绍 Visual Basic 6.0 程序设计的步骤。知识要点包括：

(1) Visual Basic 语言的发展历史；

(2) Visual Basic 6.0 的特点；

(3) Visual Basic 6.0 集成开发环境的使用；

(4) Visual Basic 6.0 程序的组成及工作方式；

(5) Visual Basic 6.0 应用程序开发步骤。

1.1 Visual Basic 6.0 简介

Microsoft Visual Basic 是在 Windows 平台下设计应用程序最简捷、最迅速的工具之一。易学、易用的优点和强大的功能使 Visual Basic 成为深受编程人员青睐的开发工具，很多计算机初学者把 Visual Basic 视作首选的入门编程语言。

什么是 Visual Basic 呢？Visual 指的是开发图形用户界面(GUI)的方法，即可视化。在图形用户界面下，不需要编写大量代码去描述界面元素的外观和位置，而只要把预先建立好的对象添加到界面的适当位置并进行简单设计即可。Basic 指的是 BASIC 语言，Visual Basic 是在原有 BASIC 语言的基础上发展起来的。

从 Visual Basic 1.0 的推出到发展到较为成熟的 Visual Basic 6.0，Visual Basic 语言经历了很多版本的更替，下面介绍 Visual Basic 语言的发展历史。

1.1.1 Visual Basic 的发展历史

微软公司开发的 Visual Basic 大致经历了以下发展历史：

(1) 1991 年 Visual Basic 1.0 诞生。Visual Basic 1.0 的功能非常简单，缺少数据库支持，而且此时的 Visual Basic 还只是一种解释型语言，不能生成 .exe 文件，但它最大的革新是加入了事件驱动模型和可视化程序设计方法。

(2) 1992 年微软公司推出 Visual Basic 2.0。在这个版本中加入了对象型变量和最原始的"继承"概念，引入了 OLE(对象的链接与嵌入)技术和简单的数据库访问功能，同时还增加了大量的第三方控件。

(3) 1993 年 Visual Basic 3.0 发布。在这个版本中，增加了对最新的 ODBC 2.0 的支持以及对 Jet 数据引擎和新版本 OLE 技术的支持。最吸引人的地方是它对数据库的支持大大增强了，利用数据控件能够创建出较好的数据窗口应用程序，而 Jet 引擎让 Visual Basic 能对最新的 Access 数据库快速访问。Visual Basic 3.0 还增加了相当多的专业级控件，可以开发出应用性较强的 Windows 应用程序。

(4) 1995 年 Visual Basic 4.0 发布。Visual Basic 4.0 是对以前版本的较大革新，ocx 控件取代 vbx 控件，OLE 技术也有了较大更新，Visual Basic 4.0 所用的语言换成了 Visual Basic For Application，这一切导致 Visual Basic 3.0 及以前版本很难移植到 Visual Basic 4.0 中，但这个版本中引入 COM 编程思想，比如在语言上加入了类模块以及属性过程、函数过程、子程序过程等组件开发所需的封装性特征，同时该版本的 Visual Basic 还能够开发 dll 函数，这都是很大的进步。

(5) 1997 年 Visual Basic 5.0 发布。Visual Basic 5.0 提供了更多的面向对象的支持，允许开发人员创建事件和接口，改进了类模块，支持创建自己的集合类、ActiveX 控件等。Visual Basic 5.0 集成开发环境支持"智能感知"，可以不必记住很长的成员名称和关键字，只要输入"."，对象的属性方法会自动列出来，对开发者来说，这非常方便。

(6) 1998 年 Visual Basic 6.0 发布。Visual Basic 6.0 是一款非常成熟和稳定的开发系统，它也增强了开发 Web 应用程序的能力，Visual Basic 6.0 是 Visual Basic. NET 诞生之前最流行、最受欢迎的 Visual Basic 版本。

1.1.2 Visual Basic 6.0 的特点

在众多程序开发工具中，Visual Basic 6.0 是最受开发人员青睐的开发工具之一，这与其自身的特点有关。Visual Basic 6.0 是一种可视化、面向对象和采用事件驱动方式的结构化高级程序设计语言，用于开发 Windows 平台下的各类应用程序。它简单、易学易用，效率高且功能强大。下面叙述 Visual Basic 6.0 的几个主要特点。

1. 可视化编程

可视化程序设计以"所见即所得"的编程思想为原则，力图实现编程工作的可视化，即随时可以看到结果，程序与结果的调整同步。这里的"可视"，指的是无须编程，仅通过直观的操作方式即可完成界面的设计工作。开发人员可利用 Visual Basic 6.0 提供的可视化设计工具，在窗体中画出各种控件对象，并在相应的属性窗口里设置控件对象的各种属性，就能达到设计用户界面的目的。这种设计方法直观、形象，也大大提高了编程效率。

2. 面向对象的程序设计方法

Visual Basic 6.0 支持面向对象的程序设计方法（OOP），即把程序和数据封装到一起，视作一个对象。和传统的程序设计方法相比，面向对象的程序设计方法把编程人员从繁重的代码编写工作中解放出来，设计程序时，只需要从控件箱里把所需要的对象，如按钮、文本框等，拖放到窗体上并设置该对象的属性，这样即可设计出所需要的界面和程序。

对象在 Visual Basic 6.0 程序设计中体现的作用更加深刻,即"一切都是对象",一切编程围绕对象进行设计。面向对象的设计方法大大提高了程序的设计效率和代码的可重用性。

3. 事件驱动编程机制

传统的程序设计是一种面向过程的方式,程序执行的流程是事先设计好的,用户不能随意改变、控制程序的流向,这不符合人类的行为习惯。在 Visual Basic 6.0 中,用户的动作可定义为触发事件,事件控制着程序的流向,每个事件能驱动一段事件过程代码的执行。这样,程序员只需要编写出响应用户动作的代码,程序的流程由用户随意控制,这更符合人类的操作习惯。

4. 结构化程序设计语言

Visual Basic 6.0 在针对具体的事件或过程编程时,仍是采用结构化的程序设计方法,严格按照结构化的程序结构设计程序。这样的程序简单易懂,容易编写和维护。

5. 强大的数据库功能

Visual Basic 6.0 具有强大的数据访问和管理功能,利用数据控件和可视化数据管理器窗口,可以直接建立或处理 Microsoft Access 格式的数据库,同时还可以访问 FoxPro、Paradox 等其他外部数据库。Visual Basic 6.0 提供了与 ODBC 数据源连接的功能,通过这一功能,可以使用并操作后台大型网络数据库,如 SQL Server、Oracle 等。

6. 支持动态数据交换(DDE)、动态链接库(DLL)和对象的链接与嵌入(OLE)

动态数据交换是 Microsoft Windows 除了剪贴板和动态链接函数库以外,在 Windows 内部交换数据的第 3 种方式。利用动态数据交换技术可使 Visual Basic 6.0 开发的程序和其他 Windows 应用程序建立数据通信。

动态链接库中存放着所有 Windows 应用程序可以共享的代码和资源。Visual Basic 6.0 可以调用任何语言产生的 DLL。

利用对象的链接与嵌入(OLE)技术,Visual Basic 6.0 可以将其他应用软件作为一个对象嵌入到当前应用程序中进行操作。

1.2　Visual Basic 6.0 的集成开发环境

Visual Basic 6.0 的集成开发环境(IDE)为编程人员提供了一个开发程序的公共环境,在这个开发环境里有整套的设计、编辑、编译和调试工具。设计程序时,首先启动 Visual Basic 6.0 的集成开发环境。

当启动 Visual Basic 6.0 后,首先打开如图 1-1 所示的"新建工程"对话框,对话框中列出了可创建的工程类型,选择"新建"选项卡中的"标准 EXE"并单击"打开"按钮,可以打开如图 1-2 所示的 Visual Basic 6.0 的集成开发环境界面。

Visual Basic 6.0 集成开发环境通常由标题栏、菜单栏、工具栏、工程资源管理器窗口、窗体设计器窗口、控件箱、属性窗口、窗体布局窗口、代码编辑器窗口等组成。

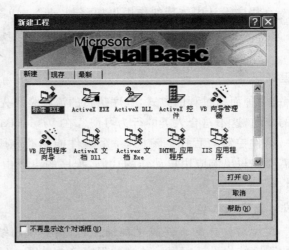

图 1-1　Visual Basic 6.0 的"新建工程"对话框

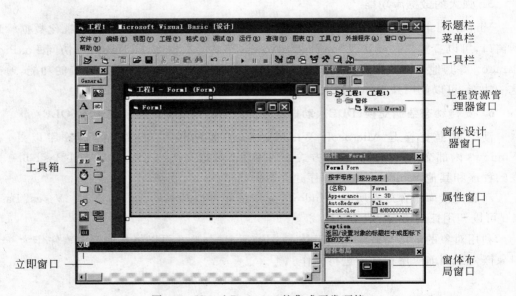

图 1-2　Visual Basic 6.0 的集成开发环境

1.2.1　标题栏

标题栏是窗体顶部的水平条,用来显示应用程序的工程名称和工作模式。如图 1-2 所示,标题栏上显示为"工程 1-Microsoft Visual Basic[设计]",表明当前应用程序的工程名称为"工程 1",所处环境是 Visual Basic 环境,正处在"设计"模式下。Visual Basic 6.0 有 3 种工作模式:设计(Design)模式、运行(Run)模式和中断(Break)模式:

1. 设计(Design)模式

在设计模式下可设计界面和编写代码。

2．运行（Run）模式

在运行模式时，只能运行应用程序，这时不可编辑代码和设计界面。该模式下标题栏中的标题为"工程 1-Microsoft Visual Basic[运行]"。

3．中断（Break）模式

在中断模式下，应用程序运行暂时中断，这时用户可以编辑代码，可以查看各变量及属性的当前值，从而了解程序执行是否正常，但不能编辑界面。该模式下标题栏中的标题为："工程 1-Microsoft Visual Basic[中断]"。按 F5 键或单击工具栏上的"继续"按钮 ▶，程序继续运行；单击"结束"按钮 ■，程序结束运行。

1.2.2　菜单栏

Visual Basic 6.0 集成开发环境的菜单栏中包含了使用 Visual Basic 所需要的各种命令。如图 1-3 所示，下面分别介绍集成开发环境中的基本菜单。

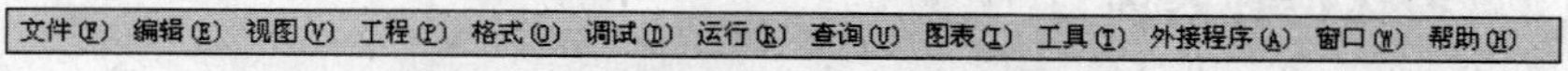

文件 (F) 编辑 (E) 视图 (V) 工程 (P) 格式 (O) 调试 (D) 运行 (R) 查询 (U) 图表 (I) 工具 (T) 外接程序 (A) 窗口 (W) 帮助 (H)

图 1-3　菜单栏

（1）文件：包含新建工程、打开工程、保存工程以及生成可执行文件等命令。

（2）编辑：包含一些编辑命令、一些格式化命令及编辑代码的命令。

（3）视图：包含了代码窗口、工程资源管理器窗口、属性窗口、窗体布局窗口、属性窗口、立即窗口、工具箱、工具栏等命令。

（4）工程：包含了添加窗体、添加模块、添加属性页、添加文件、部件以及设置工程属性等命令。

（5）格式：包含了对齐、统一尺寸、设置水平间距和垂直间距、设置在窗体中的对齐方式、锁定控件等命令。

（6）调试：包含了各种形式的调试命令。

（7）运行：包含了启动、中断、结束等控制程序运行的命令。

（8）查询：包含了操作数据库表时的查询命令以及其他数据访问命令。

（9）图表：包含各种图表处理命令。

（10）工具：包含添加过程、过程属性、菜单编辑器、发布等命令。

（11）外接程序：包含了可视化数据管理器、外接程序管理器、组件服务等命令。

（12）窗口：包含了水平平铺、垂直平铺、层叠等屏幕窗口布局命令。

（13）帮助：包含了提供相关的帮助信息的命令。

1.2.3　工具栏

紧挨着菜单栏下面的便是工具栏。工具栏是集成开发环境提供的对常用命令的快速访问。单击工具栏上的按钮，则执行该按钮所代表的操作。如果集成环境里没有工具栏，可以选择"视图"|"工具栏"|"标准"菜单项打开工具栏。启动 Visual Basic 6.0 后标准的

工具栏如图 1-4 所示。在标准工具栏右侧还有两个栏,分别用来显示窗体的当前位置和大小。

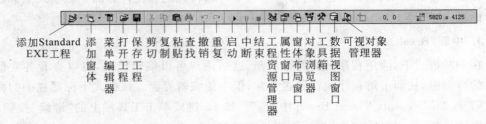

添加Standard　添　菜　打　保　剪　复　粘　查　撤　重　启　中　结　工　属　窗　对　工　数　可视对象
EXE工程　加　单　开　存　切　制　贴　找　销　复　动　断　束　程　性　体　象　具　据　管理器
　　　　　　窗　编　工　工　　　　　　　　　资　窗　布　浏　箱　视
　　　　　　体　辑　工　程　　　　　　　　　源　口　局　览　　图
　　　　　　　　器　程　　　　　　　　　　　管　　窗　器　　窗
　　　　　　　　　　　　　　　　　　　　　理　　口　口　　口
　　　　　　　　　　　　　　　　　　　　　器

图 1-4　工具栏

Visual Basic 6.0 为用户提供了 4 个工具栏,除了读者看到的标准工具栏外,还有编辑、窗体编辑器、调试等工具栏,选择"视图"|"工具栏"菜单项可以显示或隐藏这 4 个工具栏。

1.2.4　窗体设计器窗口

窗体设计器窗口简称窗体(Form),它就像一块画布一样,可以由编程人员根据界面设计的需要,把工具箱中的控件绘制在窗体上并进行布局。当打开一个新的工程文件时,Visual Basic 6.0 会自动创建一个空白的窗体,默认命名为 Form1,窗体上布满了虚网格线,供对齐使用。如果想去掉网格线,可以选择"工具"|"选项"菜单项,在"通用"选项卡中去掉"显示网格"栏的选项。图 1-5 是在窗体上添加了按钮控件和文本框控件的外观显示。

图 1-5　窗体设计器窗口

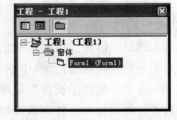

图 1-6　工程资源管理器窗口

1.2.5　工程资源管理器窗口

工程资源管理器窗口如图 1-6 所示,其中列出了当前应用程序所包含的文件清单。这些文件可以是后缀为.frm 的窗体文件、后缀为.bas 的标准模块文件、后缀为.cls 的类模块文件、后缀为.vbp 的工程文件、后缀为.vbg 的工程组文件、后缀为.res 的资源文件等 6 种。一般大型的应用程序都会由多个窗体、标准模块和类文件组成,工程资源管理器就像管家一样为用户管理这些文件。想要打开某个文件,可以在工程资源管理器窗口中双击要打开的文件名。例如,想要打开 Form1 窗体,可以在工程资源管理器窗口中找到 Form1 并双击。

1.2.6 工具箱

工具箱（Toolbox）也称控件箱，它提供了一组控件，用户设计界面时只需从中选择需要的控件拖放到窗体上进行布局和属性设置即可。集成开发环境启动后默认的 General 工具箱出现在屏幕的左边，其中每个图标代表一种控件，如图 1-7 所示。

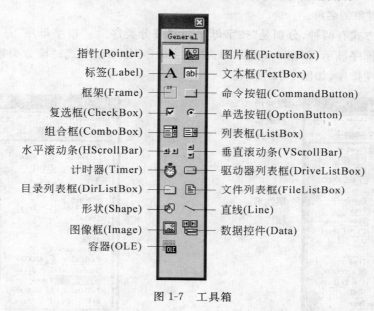

图 1-7 工具箱

用户可以将不在标准工具箱中的 ActiveX 控件放入工具箱里。方法是：右击工具箱，从弹出的快捷菜单中选择"部件"，然后从"部件"对话框的"控件"选项卡中选择要使用的 ActiveX 控件，如图 1-8 所示，单击"确定"按钮，则被选择的 ActiveX 控件会自动载入标准工具箱中。

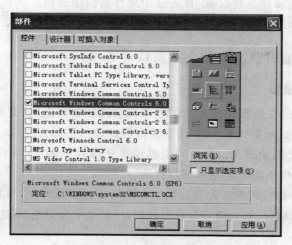

图 1-8 "部件"对话框

1.2.7　属性窗口

属性窗口用于列出当前选定的窗体或控件的属性设置,属性即特征,例如窗体的名称属性、高度、标题栏上的标题等都是窗体的属性。图 1-9 为名称为"Form1"的窗体的属性窗口。

属性窗口的对象框里显示当前选定对象的名称,也可以单击下拉列表框从中选择要显示属性设置的对象的名称。

属性排序方式有两种,分别是"按字母序"和"按分类序"。"按字母序"是将属性用英文字母的顺序排序显示,如图 1-9 所示即为"按字母序"排序的方式;"按分类序"则是以分类的方式对属性排序,如图 1-10 所示。

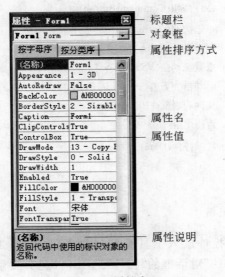

图 1-9　属性窗口　　　　　　　　　图 1-10　"按分类序"排列的属性窗口

要对选定对象的属性进行设置,首先选中属性窗口中的属性名,然后在其对应的属性值区域进行输入或修改即可。

1.2.8　代码编辑器窗口和立即窗口

1. 代码编辑器窗口

双击窗体、控件的任何部位或单击工程资源管理器窗口上的"查看代码"按钮,都会打开代码编辑器窗口,如图 1-11 所示。代码编辑器窗口由三部分组成,分别为对象列表框、事件过程列表框和代码编辑区。对象列表框用来选择对象名称,事件过程列表框用来选择对象的事件过程,代码编辑区用来编写代码。

Visual Basic 6.0 的代码编辑器窗口更加人性化,代码编辑区中用彩色显示的方式来区分不同的内容和提示错误,如关键字显示为蓝色,注释显示为绿色,语法错误显示为红色。

2. 立即窗口

立即窗口是 Visual Basic 6.0 提供的一个系统对象,也称为 Debug 对象,供调试程序

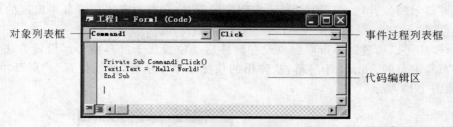

对象列表框

事件过程列表框

代码编辑区

图 1-11 代码编辑器窗口

使用。

在程序进入中断模式后,会自动弹出立即窗口。若想手动打开立即窗口,可在 Visual Basic 6.0 集成开发环境中,选择"视图"|"立即窗口"菜单项或使用 Ctrl+G 键,即打开如图 1-12 所示的立即窗口。当程序进入中断模式后,可在立即窗口中测试某些变量或表达式的取值,从而为调试者提供分析程序的依据,对程序中的问题做出正确的判断。

在立即窗口中可以进行一些简单的命令操作,如给变量赋值,用"?"或 Print 方法输出一些表达式的值。

例如,在立即窗口中给变量赋值,输入下面的语句:

```
a=5:b=10:c=20
```

使用"?"或 Print 方法输出一些表达式的值:

```
?a+b
15                  '输出结果
?c
15                  '输出结果
print b
10                  '输出结果
```

运行效果如图 1-13 所示。

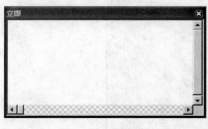

图 1-12 立即窗口

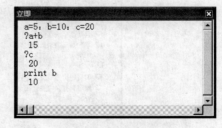

图 1-13 立即窗口示例

1.2.9 窗体布局窗口

窗体布局窗口显示在屏幕右下角,是一个简单却十分有用的工具,用户可以使用窗体布局窗口来合理安排程序运行时各个窗体的位置。调整的方法是在设计模式下,将鼠标放到窗体布局窗口中的 Form1 上,当鼠标形状变为大十字形状后,按住鼠标左键将其拖拽到想要显示的位置,如图 1-14 所示,当程序运行时,会发现窗体在屏幕中出现的位置已经被调整了。

另外,还可以通过窗体布局窗口设置窗体启动位置居于屏幕中心。设置方法是:右击窗体布局窗口的 Form1 小屏幕,从弹出的快捷菜单中选择"启动位置"|"屏幕中心"菜单项,如图 1-15 所示。

图 1-14　窗体布局窗口　　　　　图 1-15　设置窗体启动位置居于屏幕中心

1.2.10　定制自己的开发环境

用户在使用 Visual Basic 6.0 集成开发环境时,可以按照自己的喜好定制集成开发环境。例如,在使用变量时进行强制声明,定义一个 Tab 键代表多少个空格,设置代码编辑区内字体的大小等。设置集成开发环境的方法是,选择"工具"|"选项"菜单项,在打开的"选项"对话框内进行相应的设置。

1. "编辑器"选项卡

"编辑器"选项卡如图 1-16 所示,下面对重要选项作详细说明。

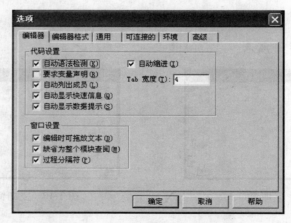

图 1-16　"选项"对话框的"编辑器"选项卡

(1) 自动语法检测。决定当输入一行代码后,Visual Basic 6.0 是否自动校验语法正确性。

(2) 要求变量声明。选择该项后,在使用变量前必须声明变量,Visual Basic 6.0 会自动生成一行语句 Option Explicit 并将其放入所有模块的通用声明处。注:该选项默认是不被选中的,但对于一个大型应用程序来说,选择该项后将使变量的使用变得规范,所以建议在编写 Visual Basic 程序前选中该项。

（3）自动列出成员。若选中此项,当在代码编辑区输入"对象名."时,Visual Basic 6.0 会自动列出该对象所有的属性和方法。这大大提高了编程人员的编程效率,也避免了全程录入容易出现的输入错误。

（4）自动显示数据提示。选中此项,当程序处于中断模式下时,把光标停留在变量上时,变量的值会显示出来,这有助于调试程序。

（5）Tab 宽度。用于设置当按下 Tab 键时,光标向后移动几个空格,默认是 4 个空格。

2."编辑器格式"选项卡

"编辑器格式"选项卡如图 1-17 所示,主要用来设置代码编辑区内或立即窗口内的字体颜色、字体名称和字号等。

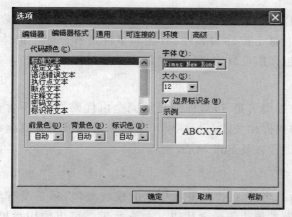

图 1-17　"选项"对话框的"编辑器格式"选项卡

3."通用"选项卡

"通用"选项卡如图 1-18 所示,在该选项卡里,可以设置是否在设计模式下的窗体中显示网格,以及显示的网格的宽度和高度。

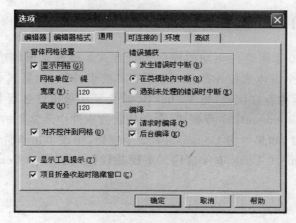

图 1-18　"选项"对话框的"通用"选项卡

　　除了上面介绍的 3 个选项卡,在"可连接的"选项卡里可以设置集成开发环境中能放置哪些窗口,"环境"选项卡可以设置启动 Visual Basic 6.0 时是否提示创建工程,"高级"选项卡用于设置 Visual Basic 6.0 的一些高级特征。

1.3　Visual Basic 程序的组成及工作方式

1.3.1　Visual Basic 应用程序的组成

　　一个 Visual Basic 应用程序称为一个工程,工程文件(*.vbp)主要由窗体模块文件(*.frm)、标准模块文件(*.bas)、类模块文件(*.cls)组成。

1. 窗体模块

　　窗体模块文件的后缀名是.frm,窗体模块既包含窗体本身的(数据)属性、方法和事件过程,也包含窗体上每个控件的属性、方法和事件过程。除了窗体和各控件的事件过程,窗体模块还可以包含用户自定义的子过程和函数过程。

2. 标准模块

　　标准模块文件的后缀名是.bas,标准模块完全由代码组成,不含窗体,所以这些代码不与具体的的窗体和控件相关联。标准模块中可以放能被所有其他模块共享的变量、全局函数过程、全局子过程以及 Sub Main 过程。

3. 类模块

　　类模块文件的后缀名是.cls,类模块与标准模块类似,只是没有可见的用户界面,标准模块只包含代码,而类模块既包含代码又包含数据。可以使用类模块创建含有方法和属性的对象,这些对象可被应用程序内的过程调用。建立类模块的方法是选择"工程"|"添加类模块"菜单项。

　　除了上述文件外,一个工程还包括一些附属文件,如窗体的二进制数据文件(.frx),资源文件(.res),ActiveX 控件的文件(.ocx)等。

1.3.2　Visual Basic 应用程序的工作方式

　　Visual Basic 6.0 采用事件驱动的程序运行方式。事件是窗体或控件识别的动作,Visual Basic 的每一个窗体或控件都有一个预定义的事件集,如果其中一个事件发生,而且在关联的事件过程中存在代码,则 Visual Basic 会调用该事件过程并执行其中的代码。

　　例如窗体上有 Command1 命令按钮,命令按钮的事件中最常见的事件是单击(Click)事件。当程序运行时,如果单击 Command1 命令按钮,则该单击事件会被 Command1 识别到,并执行 Command1_Click 事件过程。下面是代码编辑器中 Command1_Click 事件过程:

```
Private Sub Command1_Click()
...
```

```
End Sub
```

在上述 Command1_Click 事件过程中编写相应代码,则单击 Command1 时,该事件过程中的代码会被执行。

1.4　创建一个简单的 Visual Basic 6.0 应用程序

1.4.1　应用程序开发步骤

Visual Basic 6.0 应用程序的开发步骤如下。

1. 新建工程

创建一个应用程序的第一步是新建一个工程,然后在工程里组织和管理各种模块文件。

2. 创建应用程序界面

界面是用户和程序交互的桥梁,人性化的界面设计可以让程序发挥出更大的功能。Visual Basic 应用程序的界面主要由窗体、按钮、文本框等各种控件以及菜单、工具栏和状态栏构成。

3. 设置各个对象的属性

创建好应用程序的界面后,需要为界面上各个对象设置合适的属性值。例如设置命令按钮的标题、大小、位置等。一般对象的属性既可以在设计阶段通过属性窗口设置,也可以通过编写代码在程序运行时修改。

4. 编写对象响应的事件过程代码

由于 Visual Basic 6.0 采用事件驱动的程序运行方式,因此编写代码主要就是为各个对象设计其响应的事件过程代码。打开代码编辑器窗口,可以在里面编写各种程序代码。

5. 保存工程

设计好程序后,需要保存。一个 Visual Basic 程序就是一个工程,工程文件(.vbp)包含该工程所建立的所有文件和相关数据,保存工程的同时保存该工程的所有相关文件。打开一个工程,该工程有关的所有文件同时被加载。

6. 运行和调试程序

程序设计好后需要运行和调试来发现其中的问题并进行修改。选择"运行"|"启动"菜单项或单击工具栏上的"启动"按钮来运行程序。通过"调试"菜单里的各项命令来调试程序并排除错误。

1.4.2　创建简单程序实例

根据上一节介绍的创建 Visual Basic 应用程序的步骤,下面介绍一个简单的应用实例。

案例效果如下:程序运行时,弹出如图 1-19 所示窗口,单击"字体设置"按钮,文本框中的字体设置为黑体、加粗,字号为20;单击"重新输入"按钮,清空文本框,且让焦点放在文本框上面,等候输入新的内容;单击"退出"按钮退出程序;单击"下一页"按钮时,隐藏当前窗体,弹出如图1-20所示窗体,单击该窗体"返回上一页"按钮时,隐藏本窗体,重新显示如图1-19所示窗体。

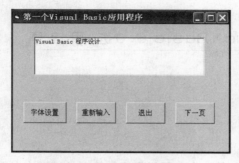

图1-19 运行效果图(一)

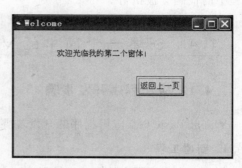

图1-20 运行效果图(二)

设计过程如下。

1. 新建工程

启动Visual Basic 6.0,在"新建工程"窗口选择新建一个"标准EXE"工程,自动出现一个新窗体,工程资源管理器窗口中显示该窗体默认名称为Form1。

2. 创建应用程序界面

(1)选择"工程"|"添加窗体"菜单项,在弹出的"添加窗体"对话框中选择添加的类型为"窗体",单击"确定"按钮,这样在当前工程里添加上一个新的窗体Form2。双击工程资源管理器窗口中的窗体名称,可以在两个窗体间切换窗体设计器窗口。

(2)在Form1窗体中绘制一个文本框和4个命令按钮,在Form2窗体中绘制一个标签和一个命令按钮,如图1-21和图1-22所示。绘制方法是,单击工具箱中的TextBox控件,将鼠标指针移到窗体上,当鼠标指针变成十字线时,拖动十字线画出合适大小的方框。其他控件的绘制方法相同。

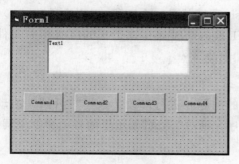

图1-21 设计界面(一)

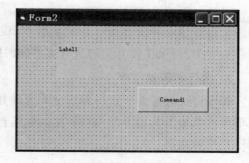

图1-22 设计界面(二)

3. 设置各个对象的属性

通过属性窗口设置各对象的属性。

(1)双击工程资源管理器窗口里的Form1窗体名称,打开Form1窗体,选中Form1

窗体,在属性窗口中选定 Caption 属性名,在右列修改其属性值为"第一个 Visual Basic 应用程序"。

(2) 单击 Form1 窗体上的命令按钮 Command1,在属性窗口中选定属性名"名称",将"名称"属性值改为 cmdfont,将 Caption 属性值改为"字体设置";同样办法,将命令按钮 Command2 的"名称"属性值改为 cmdclear,将 Caption 属性值改为"重新输入";将命令按钮 Command3 的"名称"属性值改为 cmdexit,将 Caption 属性值改为"退出";将命令按钮 Command4 的"名称"属性值改为 cmdnext,将 Caption 属性值改为"下一页"。

(3) 设置 Form1 窗体上命令按钮 Command1 的字体属性。单击"字体设置"按钮,在属性窗口中选择"Font"属性名,然后单击右列的 宋体 ... 按钮,在弹出的"字体"对话框中设置字号为"小四",同样方法设置其他 3 个命令按钮。

(4) 双击工程资源管理器窗口里的 Form2 窗体名称,打开 Form2 窗体,选中 Form2 窗体,在属性窗口中选定 Caption 属性名,在右列修改其属性值为"Welcome"。单击 Form2 窗体上的标签 Label1,在属性窗口中设置 Caption 属性值为"欢迎光临我的第二个窗体!"。

(5) 设置 Form2 窗体的命令按钮 Command1 的"名称"属性值为 cmdlast,将 Caption 属性值改为"返回上一页",并参照步骤(3)中的方法设置按钮的 Font 属性的字号为"小四"。

4. 编写对象响应的事件过程代码

编写 Visual Basic 代码的环境是代码编辑器窗口,打开代码编辑器窗口的方法如下。

(1) 双击 Form1 窗体上的 cmdfont("字体设置")按钮,系统打开代码编辑器窗口,出现如下代码:

```
Private Sub cmdfont_Click()
...
End Sub
```

用户可以在上面事件过程中添加相应的代码。

(2) 从工程资源管理器窗口中,选定要编写代码的窗体,然后单击"查看代码"按钮,打开代码编辑器窗口。

代码编辑器窗口有对象列表框和事件过程列表框,在对象列表框中选择 cmdfont,在事件过程下拉列表框中选择 Click(单击)事件,则在代码编辑器窗口中自动生成下列代码:

```
Private Sub cmdfont_Click()
...
End Sub
```

用户在上面事件过程中添加相应的代码即可,如图 1-23 所示。

根据上述方法,在代码编辑器中编写事件过程代码如下:

```
Private Sub Form_Load()                      '装载窗体时触发
    Text1.Text="Visual Basic 程序设计"        '给文本框 Text1 的 Text 属性赋值
End Sub
```

```
Private Sub cmdfont_Click()              '单击 cmdfont 按钮时触发
    Text1.FontSize=20                    '设置文本框的字号为 20
    Text1.FontName="黑体"                '设置文本框的字体名称为"黑体"
    Text1.FontBold=True                  '设置文本框的中文字为粗体
End Sub

Private Sub cmdclear_Click()             '单击 cmdclear 按钮时触发
    Text1.Text=""                        '清空文本框
    Text1.SetFocus                       '把焦点置于文本框上
End Sub

Private Sub cmdexit_Click()              '单击 cmdexit 按钮时触发
    End                                  '结束程序
End Sub

Private Sub cmdnext_Click()              '单击 cmdnext 按钮时触发
    Form1.Hide                           '隐藏 Form1 窗体
    Form2.Show                           '显示 Form2 窗体
End Sub

Private Sub cmdlast_Click()              '单击 Form2 中的按钮
    Form2.Hide                           '隐藏 Form2 窗体
    Form1.Show                           '显示 Form1 窗体
End Sub
```

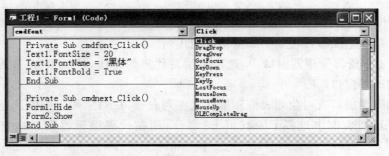

图 1-23　在代码编辑器窗口中设计事件过程代码

5. 保存工程

选择"文件"|"保存工程"菜单项,或者单击工具栏上的"保存工程"按钮,都可以打开"文件另存为"对话框,然后依次保存窗体文件和工程文件。

6. 运行和调试程序

运行程序有如下 3 种方法:

(1) 选择"运行"|"启动"菜单项;

(2) 单击工具栏上的"启动"按钮 ▶；

（3）按 F5 键。

调试程序时,可以选择"调试"菜单里的"逐语句"、"逐过程"以及设置断点等方法调试,具体可参照本书附录 C 中的相关内容。

本 章 小 结

本章重点介绍了 Visual Basic 语言的发展历史和特点、Visual Basic 6.0 集成开发环境以及 Visual Basic 6.0 程序设计的步骤。

了解 Visual Basic 语言的发展历史和特点,能更好地帮助大家理解 Visual Basic 语言的特性;熟悉 Visual Basic 6.0 集成开发环境是使用该语言编程的基础;掌握 Visual Basic 6.0 程序设计的步骤可以让初学者很容易地编写出简单的程序。

习　题　1

一、简答题

1. 描述 Visual Basic 6.0 的特点。
2. Visual Basic 6.0 集成开发环境主要由哪些窗口构成?
3. Visual Basic 6.0 的工程主要由哪些模块构成?
4. 描述 Visual Basic 6.0 程序的工作方式。
5. 描述 Visual Basic 6.0 应用程序的开发步骤。

二、上机题

1. 设计程序,实现如图 1-24 所示的功能。程序运行时,单击"显示"按钮,在文本框里显示"Hello World!"字符串,并设置字号为 30,单击"结束"按钮退出程序。

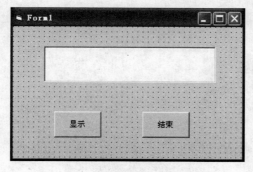

图 1-24　程序运行界面

2. 设计程序,在工程 1 里添加两个窗体 Form1 和 Form2,程序运行时,启动 Form1 窗体,单击 Form1 窗体的"切换"按钮时显示 Form2 窗体并隐藏 Form1 窗体,当单击

Form2 窗体的"返回"按钮时,显示 Form1 窗体并隐藏 Form2 窗体,如图 1-25 和图 1-26 所示。

图 1-25　Form1 窗体

图 1-26　Form2 窗体

第 2 章　Visual Basic 编程基础

本章要点：

本章介绍 Visual Basic 程序设计所需的基础语法知识，知识要点包括：

(1) Visual Basic 的标准数据类型；

(2) 常量和变量；

(3) 运算符和表达式；

(4) 常用内部函数；

(5) Print 方法、InputBox 函数、MsgBox 函数；

(6) 程序的语句；

(7) 程序的 3 种控制结构。

案例 2-1　输出一个 3 位整数的个、十、百位数字

【案例效果】

设计程序，程序运行时首先启动如图 2-1 所示的窗体，单击窗体上的"输入"按钮，弹出如图 2-2 所示的数据输入框，在数据输入框里输入一个 3 位整数（本例输入 123 作为示例），然后单击数据输入框的"确定"按钮，程序在窗体上打印输出该整数的个位、十位和百位上的数字，运行效果如图 2-3 所示。

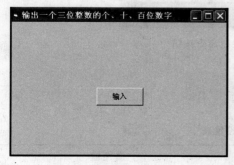

图 2-1　案例设计界面

图 2-2　数据输入框

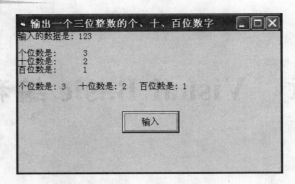

图 2-3　程序运行效果图

通过本案例的学习,主要掌握数据类型、变量、常量、赋值语句、注释语句、InputBox 函数、Print 方法等知识。

【设计过程】

1. 界面设计

(1) 启动 Visual Basic 6.0,在"新建工程"窗口选择新建一个"标准 EXE"工程,单击 "打开"按钮自动出现一个新窗体。

(2) 单击工具箱的命令按钮(CommandButton)控件,然后在窗体上绘制出命令按钮 控件对象,如图 2-4 所示。

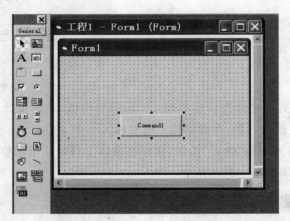

图 2-4　用工具箱绘制命令按钮

2. 属性设置

在属性窗口里进行属性设置,如表 2-1 所示。

表 2-1　属性设置表

对象	属性名	属性值
Form1	Caption	"输出一个三位整数的个、十、百位数字"
Command1	Caption	"输入"

为了把显示在窗体上的文字设置的大一些,可以先选中Form1,单击如图2-5所示属性窗口中Font属性值处,在弹出的"字体"对话框中设置字体的"大小",如图2-6所示。设置命令按钮Command1上显示的字体大小,与上述的方法相似。属性设置后程序的界面如图2-7所示。

图2-5　Form1属性窗口

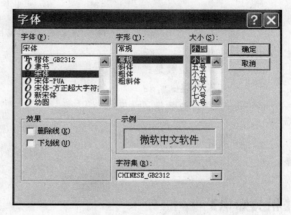

图2-6　"字体"对话框

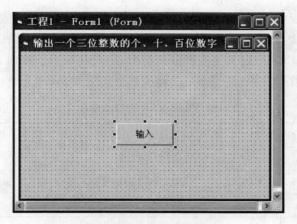

图2-7　属性设置后的界面

3. 代码设计

双击命令按钮Command1,打开代码编辑器,在命令按钮Command1的单击事件中写入如下代码:

```
Private Sub Command1_Click()
    Dim x As Integer,x1 As Integer,x2 As Integer,x3 As Integer        '声明变量
    Dim str As String
    x=Val(InputBox("请输入一个三位数的整数:","数据输入框"))
    '使用输入框输入数据
```

```
        x1=x Mod 10                        'x1 变量表示个位数字
        x2=(x\10) Mod 10                   'x2 变量表示十位数字,"\"是整除运算符
        x3=x\100                           'x3 变量表示百位数字
        Print"输入的数据是: ";x            '用 Print 方法在窗体上输出文本
        Print                              '输出一个空行
        Print"个位数是: ",x1
        str=str &"个位数是: "& x1 & Space(3)
                    'str 是字符串型变量,表示输出的字符串,函数 Space(3)生成 3 个空格
        Print"十位数是: ",x2
        str=str &"十位数是: "& x2 & Space(3)
        Print"百位数是: ",x3
        str=str &"百位数是: "& x3
        Print
        Print str
    End Sub
```

【相关知识】

1. 数据类型

程序在执行过程中,会对一些原始数据进行处理和运算,最后产生出计算结果。编程语言中的数据是各式各样的,不同类型的数据在计算机中具有不同的表示方法,占有不同的存储空间。Visual Basic 定义了多种数据类型,用户在编写程序时,可根据情况选择合适的数据类型表示数据。Visual Basic 的标准数据类型如表 2-2 所示。

表 2-2   Visual Basic 的标准数据类型

数据类型	关键字	存储空间/字节	类型符	范围
字节型	Byte	1	无	0～255
逻辑型	Boolean	2	无	True 或 False
整型	Integer	2	%	−32768～32767
长整型	Long	4	&	−2147483648～2147483647
单精度浮点型	Single	4	!	$-3.402823 \times 10^{38} \sim 3.402823 \times 10^{38}$
双精度浮点型	Double	8	#	$-1.79769313486232 \times 10^{308} \sim 1.79769313486232 \times 10^{308}$
字符串型	String	与串长有关	$	定长字符串型:0～65535 变长字符串型:0～大约 21 亿
货币型	Currency	8	@	−922337203685477.5808～922337203685477.5807
日期型	Date	8	无	1/1/100～12/31/9999
对象型	Object	4	无	任何对象
变体型	Variant	根据情况分配	无	上述有效范围之一

2. 常量

常量也叫常数,是指在程序运行过程中其值保持不变的数据,常量可以是任何数据类型。在 Visual Basic 中常量分为普通常量和符号常量。

(1) 普通常量。普通常量指的是在程序代码里直接出现的各种类型的数据,常量的数据类型由书写格式自动区分,不需要声明和定义。普通常量包括数值常量、字符串常量、布尔常量、日期常量。

① 数值常量。数值常量包括整数常量和浮点数常量两类。

- 整数常量使用的时候大多数都是习惯使用十进制数,用户也可以根据需要采用八进制、十六进制的形式书写和表示。

   十进制形式:如 100、-256、0。

   八进制形式:使用前缀 &O(字母 O,而不是数字 0)表示,如 &O245。

   十六进制形式:使用前缀 &H 表示,如 &H123、&H1A。

- 浮点数常量包括单精度浮点数常量和双精度浮点数常量。浮点数可以用小数形式和指数形式表示,当用指数形式书写时,由尾数、指数符号、指数三部分组成。单精度浮点数的指数符号是 E,双精度浮点数的指数符号是 D。例如,123.45E3 或 123.45e+3 是单精度浮点数,相当于 123.45×10^3,123.456 78D3 或 123.456 78d+3 为双精度浮点数,相当于 $123.456\,78 \times 10^3$。在上面的例子中,123.45 或 123.456 78 是尾数部分,E3、D3 是指数部分,E 和 D 是指数符号。

② 字符串常量。字符串常量是由西文双引号引起来的一个或一串字符,其中的字符可以是 ASCII 码字符、汉字和其他可以打印的字符,而字符和字符串常量两端的双引号不是字符常量的一部分,只起到定界的作用。如"abc"、"李四"、"B"都是合法的字符串常量。

③ 逻辑常量。逻辑常量只有真和假两个值,在 Visual Basic 中真值用 True 来表示,假值用 False 表示。

④ 日期常量。日期常量在书写时用定界符"#"把表示日期和时间的值括起来,如 #03/01/2010#、#03/01/2010 18:55:06#、#January 1,2001# 都是正确的日期常量。

(2) 符号常量。在 Visual Basic 中可以定义一个符号来代表一个常量,这就是符号常量。

定义符号常量的语法格式如下:

[Public|Private]Const 常量名[As 类型]=表达式

说明:

(1) Public 或 Private:可选项。Public 表示所定义的符号常量在整个项目中都是有效的;Private 表示所定义的符号常量只在当前所声明的模块中是有效的。如果默认 Public 和 Private,表示所定义的符号常量在当前过程中有效。

(2) 常量名:必选项。它代表所定义的常量的名称,命名规则必须符合 Visual Basic 的命名规则。

（3）As 类型：可选项。类型可以是 Visual Basic 所支持的任何一种数据类型，每个常量都必须用单独的 As 子句，若省略该项，则数据类型由右边常数表达式值的数据类型决定。

（4）表达式：必选项。表达式由字符常量、算术运算符、逻辑运算符等组成。

如下语句表示 Pi 为单精度类型的符号常量：

```
Const Pi As single=3.1415
```

需要说明的是，如果在一行中同时定义多个符号常量，则它们之间要用逗号进行分隔。例如：

```
Const Pi As single=3.1415,A As Double=1.2345
```

符号常量代表一个指定的数值或字符串，在定义的有效范围内可任意多次使用，这样大大简化了程序，对用户非常方便。

3. 变量

变量是指在程序运行过程中其值可变的量。变量具有名称和数据类型，实际上变量代表了内存中的一块存储空间，通过变量名可以访问该空间里存放的数据，该存储空间里的数据即为给变量赋的值，变量名代表了存储空间的地址，变量的数据类型决定了该变量存储数据的方式。

（1）变量的命名规则。为了有效地在程序中使用变量，Visual Basic 6.0 规定变量的命名必须遵循下面的规则。

① 变量名只能由字母、数字、下划线（_）或汉字组成，不能包含空格、句点或类型说明符（如％，＄，＠，♯，＆，！）。例如，"A％B"、"A.B"、"How"都是不符合规则的变量名。

② 变量名必须以字母或汉字开头；变量名长度不能超过 255 个字符；所有字母不区分大小写。

③ 变量名不能和 Visual Basic 的关键字同名。例如，If、Loop、Abs、Mod 等都是关键字，不能作为变量名。

④ 对于字符串类型，根据其存放的字符串长度是否固定，其定义方法有两种。

```
Dim 字符串变量名 As String
Dim 字符串变量名 As String * 字符个数
```

例如：

```
Dim s1 As String                    '声明可变长字符串变量
Dim s2 As String * 60               '声明成定长字符串变量
```

实际上，在 Visual Basic 中过程名、数组名、符号常量名都必须遵循上面的规则。

（2）变量的声明。变量具有两个方面的特性，即名称和数据类型，因此声明变量也需要注意这两个方面。任何变量都具有一定的数据类型，用户可以通过声明来定义变量的数据类型。变量的声明分为"显式声明"和"隐式声明"。

① 显式声明。显式声明是在使用变量之前，先用声明语句声明变量。显式声明的语

法格式如下：

声明关键字<变量名 1>[As<类型 1>][,<变量名 2>[As<类型 2>]]…

说明：

- 语句中的声明关键字通常是 Dim、Private、Static、Public 中的一个，不同的关键字声明的变量的作用域不同。
- "变量名"必须符合命名规则，"类型 1"、"类型 2"等用来定义被声明的变量的数据类型，如果省略"As 类型"子句，则变量的数据类型为变体（Variant）类型。例如：

```
Dim a as Integer            '声明变量 a 为 Variant 型
Dim b                       '变量 b 为 Variant 型
```

在一个声明语句中可以声明多个变量，变量的数据类型也可以不同。若变量是相同的数据类型，只需使用一个 As 子句就可以了，变量之间需要用逗号分开。例如：

```
Dim a As Integer,b As Char,c As Boolean
Dim IntX,IntY,IntZ As Integer
```

② 隐式声明。隐式声明指的是在使用变量之前不需要事先声明该变量，而是在变量名后面加上一个类型说明符来说明该变量的数据类型。如 lngVar&、StrVar $、SngVar！分别表示变量 lngVar、StrVar、SngVar 为长整型、字符串型、单精度浮点型变量。

表 2-3 给出了常见的数据类型和类型说明符的对应关系。

表 2-3　类型说明符号表

数据类型	类型说明符	类型名称	数据类型	类型说明符	类型名称
Integer	%	整型	Double	#	双精度浮点型
Long	&	长整型	Currency	@	货币型
Single	!	单精度浮点型	String	$	字符串型

注意：尽管隐式声明比较方便，但却有很多弊端，比如在程序中将变量名拼错的话，就会导致错误难以查找，因此建议用户显式声明变量。

③ 强制显式声明。良好的编程习惯都应该是"先声明变量，后使用变量"。因此可以设置强制显式声明，凡是在程序中出现的未经显式声明的变量名，Visual Basic 会自动发出错误警告，这有效地保证了变量名使用的正确性。设置强制显式声明的方法是，在窗体模块、标准模块和类模块的通用声明处加入语句：Option Explicit；或者选择"工具"|"选项"菜单项，然后在打开的对话框中单击"编辑器"选项卡，再复选"要求变量声明"选项，这样就可以在各个模块中自动插入 Option Explicit 语句。

4．赋值语句

赋值语句执行赋值运算。简单的赋值运算包括将运算符右侧表达式的值赋给左侧的变量或对象的属性。运算符右侧可以是任何表达式（包括常量、变量、函数等）。

格式：

变量或属性名=表达式

例如,给命令按钮 Command1 的 Caption 属性赋值:

```
Command1.Caption="输入"
```

本案例中给变量 x1 赋值:

```
x1=x Mod 10
```

注意:"＝"是给变量或属性赋值的符号,与关系运算符"＝"(等于)不同;只有当"＝"右边的值的数据类型与变量的数据类型兼容时,才能正常赋值,否则将值强制转换为变量的数据类型。

5. 注释语句

注释语句用于在代码里添加注释。代码中的注释在程序运行时并不被执行,只是起到对程序注释说明的作用,提高程序的可读性。Visual Basic 提供两种方法添加注释:

(1) Rem 语句

格式:

```
Rem 注释文本
```

可以将 Rem 语句单独放在一行,也可以将其放在一行语句的后面,但要用冒号隔开。例如:

```
x1=x Mod 10
Rem x1 变量表示个位数字
```

或者

```
x1=x Mod 10:Rem x1 变量表示个位数字
```

(2) 单引号

格式:

```
'注释文本
```

使用单引号添加注释的方法比较简便,这种注释语句既可以单独在一行,也可以跟在一条语句的后面。例如:

```
x1=x Mod 10                    'x1 变量表示个位数字
```

或者:

```
x1=x Mod 10
'x1 变量表示个位数字
```

6. 一句多行与一行多句

(1) 将单行语句分成多行

编程时一条语句如果太长,可以用续行符"—"将长语句分成多行。在同一行内,续行符后面不能加注释。例如:

```
Text1.Text="Visual Basic" _
    & "程序设计"
```

（2）将多个语句合并到同一行

可将两个或多个语句放在同一行上，语句之间用冒号"："隔开。例如：

```
x1=x Mod 10:x2=(x\10) Mod 10:x3=x\100
```

7. InputBox 函数

InputBox 函数提供了一个简单的对话框供用户输入信息。语法格式如下：

变量名=InputBox(提示信息[,标题][,默认输入文本][,横坐标值][,纵坐标值])

说明：

（1）提示信息：在对话框中显示的字符串，是对话框中提示用户操作的信息，最大长度是 1024 个字符，该项不能省略。

（2）标题：指对话框标题栏的字符串，如果省略，则标题栏中为应用程序名。

（3）默认输入文本：指在对话框的输入位置设置的默认输入值。

（4）横、纵坐标值：值对话框在屏幕上的起始坐标位置。

例如，本案例中用 InputBox 函数给整型变量 x 赋值，可以用下面的语句实现：

```
x=Val(InputBox("请输入一个三位数的整数：","数据输入框",123))
```

语句对应的对话框如图 2-8 所示。

图 2-8　InputBox 函数对话框

在调用 InputBox 函数时会出现如图 2-8 所示的对话框，对话框中有"确定"和"取消"按钮以及等待用户输入信息的文本框。如果用户单击"确定"按钮或按 Enter 键，InputBox 函数将把文本框中的内容作为返回值赋给 x 变量；如果用户单击"取消"按钮，则返回一个零长度字符串。由于系统默认文本框中的内容是字符串数据类型，而 x 是整型变量，因此需要使用 Val()函数把字符串转换为数值型的数据再进行赋值。

8. Print 方法

Print 方法用于在窗体、图片框和打印机上输出文本信息。

Print 方法的语法格式如下：

[对象.]Print[表达式列表]

说明：

（1）对象可以是窗体、图片框、打印机的名称，也可以是立即窗口"Debug"。若省略对象,则默认在当前窗体上输出信息。

(2) 表达式列表表示输出内容的列表。多个表达式用分号(;)隔开表示紧凑格式,用逗号(,)隔开表示以分区格式(14 个字符分隔)。如果表达式列表省略,则输出空行。

案例 2-2　求两个电阻的并联和串联电阻值

【案例效果】

程序运行时,启动窗体如图 2-9 所示。单击窗体上的"输入电阻"按钮,弹出如图 2-10 所示的输入框,在输入框里输入电阻 R1 的值,单击"确定"按钮后程序弹出第二个输入框,如图 2-11 所示,要求输入电阻 R2 的值,输入后单击"确定"按钮确认输入,R1 和 R2 的并联电阻和串联电阻的值显示在窗体上相应的文本框里。当为 R1 和 R2 分别输入 10 和20 的电阻后,程序运行结果如图 2-12 所示。

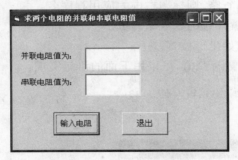

图 2-9　程序运行主界面　　　　　　　　　图 2-10　输入框(一)

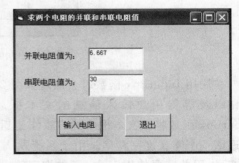

图 2-11　输入框(二)　　　　　　　　　图 2-12　程序运行结果图

通过本案例的学习,主要掌握运算符与表达式、常用内部函数等的使用方法。

【设计过程】

1. 界面设计

界面设计如图 2-13 所示。在窗体上分别绘制下列对象:两个标签 Label1 和 Label2,两个文本框 Text1 和 Text2,两个命令按钮 Command1 和 Command2。

2. 属性设置

在图 2-13 的界面基础上，利用属性窗口设置各对象的属性。首先选定要设置属性的对象，然后在属性窗口里具体设置。具体设置如下：设置 Form1 窗体的 Caption 属性值为"求两个电阻的并联和串联电阻值"；设置标签 Label1 和 Label2 的 Caption 属性值为"并联电阻值为："和"串联电阻值为："；设置文本框 Text1 和 Text2 的 Text 属性值为空字符串；设置命令按钮 Command1 和 Command2 的 Caption 属性值为"输入电阻"和"退出"。属性设置后的界面如图 2-14 所示。

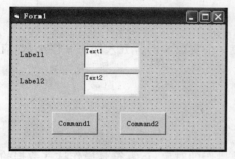　　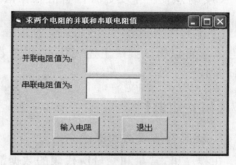

图 2-13　初始设计界面　　　　　　图 2-14　属性设置后的界面

3. 代码设计

在代码编辑器窗口中编写如下代码：

```
Private Sub Command1_Click()
  Dim R1 As Double,R2 As Double          'R1,R2 表示两电阻值
  Dim Rp As Double,Rs As Double          'Rp,Rs 分别表示两电阻的并联电阻和串联电阻
  R1=Val(InputBox("输入电阻 R1=?","输入电阻 R1 的电阻值"))
  R2=Val(InputBox("输入电阻 R2=?","输入电阻 R2 的电阻值"))
  Rp=R1 * R2/(R1+R2)
  Rs=R1+R2
  Rp = Int(Rp * 1000+0.5)/1000           '保留小数点后 3 位
  Rs = Int(Rs * 1000+0.5)/1000           '保留小数点后 3 位
  Text1.Text=Rp
  Text2.Text=Rs
End Sub
Private Sub Command2_Click()
  End
End Sub
```

程序分析：

（1）并联电阻值计算公式是 $Rp=R1 \cdot R2/(R1+R2)$，串联电阻的计算公式是 $Rs=R1+R2$，这两种计算公式在编写代码的时候需要转换成符合 Visual Basic 语法规则的表达式的形式，例如：

```
Rp=R1 * R2/(R1+R2)
```

（2）在 InputBox 函数输入框中输入的数字默认为是字符串数据类型，因此在对这些数字计算前需要先将它们转换成数值数据类型，Val(x)函数的功能是将字符串 x 转换成相应的数值数据类型。例如，案例代码有如下语句：

```
R1=Val(InputBox("输入电阻 R1=?","输入电阻 R1 的电阻值"))
```

该语句的作用是将输入框中输入的字符串型数据转换成数值型数据后，赋值给 R1 变量。

（3）若想使一个实数 x 四舍五入保留三位小数，可以用下面的方法实现：

```
Int(x * 1000+0.5)/1000
```

大家可以尝试推广上述表达式，思考若想使一个实数 x 四舍五入保留 n 位小数，应该如何实现？

【相关知识】

1. 运算符与表达式概述

在程序里，常量和变量所代表的数据都是被操作的对象，运算符是操作这些数据的符号，表明对数据实施什么样的运算，表达式是用运算符和数据连接而成的式子，单个变量或常量也可以看成是一个表达式。Visual Basic 中运算符有算术运算符、关系运算符、逻辑运算符、字符串运算符等。

2. 算术运算符和算术表达式

（1）算术运算符。算术运算符是用于数值计算的运算符。Visual Basic 的算术运算符如表 2-4 所示。

表 2-4　算术运算符

运算符	名　　称	算术表达式示例	运算符	名　　称	算术表达式示例
+	加法	a＋b	\	整数除法	a\b
－	减法	a－b	^	乘方	a^b
*	乘法	a * b	Mod	求余	a Mod b
/	浮点数除法	a/b	－	取负	－a

对于算术运算符，有两点说明。

① 在上述算术运算符中，取负（－）运算符是单目运算符，其他运算符都是双目运算符。

② 浮点数除法（/）和整数除法（\）的区别在于浮点数除法执行标准的除法运算，运算结果为浮点数，整数除法执行整除运算，运算结果为整数。

（2）算术表达式。算术表达式是由常量、变量、算术运算符、函数等连接而成的合法的运算式子。算术表达式返回的值是数值型的。例如：

```
Var1=10^2          '返回 100
Var2=10/4          '返回 2.5
```

```
Var3=10\4                    '返回 2
Var4=10 Mod 4                '返回 2
```

3. 关系运算符和关系表达式

（1）关系运算符。关系运算符也称比较运算符，用于对两个相同数据类型表达式的值进行比较，被比较的数据的类型可以是数值型、字符型或日期型等。关系运算符两侧参加运算的表达式的数据类型必须完全一致。关系表达式返回的结果是逻辑值，只能是True 或 False。

Visual Basic 的关系运算符如表 2-5 所示。

表 2-5 关系运算符

运算符	比较关系	关系表达式示例	运算符	比较关系	关系表达式示例
=	等于	a＝b	<=	小于或等于	a<＝b
>	大于	a>b	<>	不等于	a<>b
>=	大于或等于	a>＝b	Like	根据模式比较字符串	"a" Like "abc"
<	小于	a<b	Is	比较对象	A Is B

（2）关系表达式。用关系运算符把算术表达式、字符串表达式等同类型的表达式连接起来构成的合法式子称为关系表达式，下面对关系运算符及表达式的使用进行说明。

① 如果关系运算符比较的是两个数值表达式，这样的比较属于数值比较，常用表 2-5 里前 6 种关系运算符。两个表达式如果都是 Byte、Boolean、Integer、Long、Single、Double 或 Date 类型，都能比较数值的大小。如果是日期型数据，则较早的日期小于较晚的日期。下面举例说明：

```
20>40                        '关系表达式的值为 False
#2/1/2000#<#2/5/2002#        '关系表达式的值为 True
a>b+2                        '如果 a 的值大于 b+2 的值,结果为 True,否则为 False
```

② Like 运算符用来比较两个字符串的模式是否匹配，即判断一个字符串是否符合某一模式。模式的表示可以通过以下通配符来表示：

- ＊表示该位置字符可以是任意多个任意字符。
- ？表示该位置字符可以是任意单个字符。
- ♯表示该位置字符可以是任意单个数字。
- [list]允许使用 list 列表里任一单个字符。
- [！list]允许使用 list 列表外任一单个字符。

下面举例说明：

```
"a">"AB"                     '结果为 True
"aaa">"aa"                   '结果为 True
"56"<"9"                     '结果为 True
"aaa"Like"a＊"               '结果为 True
"a2a"Like"a#a"              '结果为 True
"A"Like"[B-Z]"              '结果为 False
```

```
"A"Like"[! B-Z]"                        '结果为 True
```

4. 逻辑运算符和逻辑表达式

（1）逻辑运算符。逻辑运算也称布尔运算，逻辑运算符是用来执行逻辑运算的运算符。Visual Basic 的逻辑运算符如表 2-6 所示。

（2）逻辑表达式。逻辑表达式是由逻辑运算符、关系表达式、逻辑常量、变量和函数组成，运算结果为逻辑值。例如，Not(2＞3)的值为 True，(5＞3)And（3＞5）的值为 False，(5＞3)Or（3＞5）的值为 True。

表 2-6　逻辑运算符

逻辑运算符	名　称	示　例	说　　明
And	逻辑与	A And B	A、B 同时为 True，结果为 True，否则结果为 False
Or	逻辑或	A Or B	A、B 同时为 False，结果为 False，否则结果为 True
Xor	异或	A Xor B	A、B 取的逻辑值相同，则结果为 False，否则结果为 True
Not	逻辑非	Not A	对 A 的逻辑值取反
Eqv	等价	A Eqv B	A、B 取的逻辑值相同，结果为 True，否则结果为 False
Imp	包含	A Imp B	A 为 True，B 为 False 时，结果为 False，其余都为 True

5. 字符串运算符与字符串表达式

（1）字符串运算符。字符串运算符适用于连接两个字符串的运算。字符串连接运算符有"＋"和"&"。

例如：

```
"abcd"+"efgh"                           '结果为 abcdefgh
"Visual Basic"&"程序设计"                '结果为 Visual Basic 程序设计
```

"＋"和"&"运算的区别如下。

① "＋"运算符。两个操作数均应为字符串类型，若其中一个为数字字符型（如"100"），另一个为数值型，则自动将数字字符转换成数值型，然后进行算术加法运算；若其中一个为非数字字符（"ABC"），另一个为数值型，则出错。

② "&"运算符。两个操作数既可为字符型也可为数值型，当为数值型时，系统自动先将其转换为数字字符，然后进行连接操作。

例如：

```
"100"+100                               '结果为 200
"100"+"100"                             '结果为 100100
"abc"+100                               '出错
"100" & 100                             '结果为 100100
100 & 100                               '结果为 100100
"abc" & "100"                           '结果为 abc100
"abc" & 100                             '结果为 abc100
```

注意：使用运算符"&"时，变量和"&"之间应加上一个空格，这是因为"&"还是长整型的类型说明符,如果变量与"&"连在一起书写,系统会把"&"作为类型说明符处理,会出现语法错误。

(2) 字符串表达式。一个字符串表达式就是由字符串常量、字符串变量、字符串函数、字符串运算符和括号连接形成的一个有意义的运算式子,如

"Visual Basic" & "程序设计"

6. 运算符优先级比较

一个表达式中往往会同时出现多种运算符,Visual Basic 规定了各种运算符的运算优先顺序,以便能正确计算出表达式的值。优先级高的运算符先运算,运算符优先级相同时,从左向右进行运算,括号内的运算优先进行,处在最内层括号里的运算优先进行,然后从内层向外层进行运算。

在 Visual Basic 中,各运算符的优先级如下:

算术运算符＞字符串运算符＞关系运算符＞逻辑运算符

表 2-7 详细说明了各运算符的优先级。

表 2-7　运算符的优先级

优先级	运算符类型	运　算　符
1	算术运算符	^指数运算
2		— 取负数运算
3		＊、/乘法和除法运算
4		\整除运算
5		Mod 求余(模)运算
6		＋、—加法和减法运算
7	字符串运算符	＋、&
8	关系运算符	＝、＜＞、＞、＞＝、＜、＜＝、Like、Is
9	逻辑运算符	Not
10		And
11		Or、Xor
12		Eqv
13		Imp

关于运算符的优先级,说明以下两点。

(1) 当一个表达式中出现多种运算符时,首先进行算术运算符,然后处理字符串运算符,再处理关系运算符,最后是逻辑运算符。

(2) 可以用括号改变优先顺序,括号内的运算总是优先于括号外的运算。

7. 常用内部函数概述

Visual Basic 有内部函数和用户自定义函数两类。用户自定义函数是用户自己根据

需要定义的函数(参见第 4 章),内部函数也称标准函数或公共函数,是 Visual Basic 系统提供的。每个内部函数都有特定的功能,可以在任何程序中直接调用。本案例相关知识部分主要介绍常用的数学函数、转换函数、字符串函数、日期函数等,其他函数请参见本书后面的附录。

函数被调用时都有返回值,函数调用的语法格式如下:

函数名(参数 1,参数 2,…)

说明:

(1) 函数名是系统规定的函数名称,函数名一般具有一定的含义,用户调用函数时必须完整地写出该函数名。

(2) 参数 1,参数 2,…是函数的参数列表,参数列表中各个参数都有一定的顺序和数据类型。

8. 算术函数

算术函数是系统给用户提供算术计算的函数。

(1) 三角函数:$\text{Sin}(x)$、$\text{Cos}(x)$、$\text{Tan}(x)$等。

(2) $\text{Exp}(x)$:返回 e 的 x 次幂。

(3) $\text{Abs}(x)$:返回 x 的绝对值,如 $\text{Abs}(-40.5)$返回值为 40.5。

(4) $\text{Log}(x)$:返回 x 的自然对数值。

(5) $\text{Sqr}(x)$:返回 x 的平方根,如 $\text{Sqr}(25)$返回值为 5。

(6) $\text{Sgn}(x)$:符号函数,根据 x 的值的符号返回一个整数(-1、0 或 1),规则如下:

$$\text{Sgn}(x)=\begin{cases}1 & x>0 \\ 0 & x=0 \\ -1 & x<0\end{cases}$$

(7) $\text{Fix}(x)$:返回 x 的整数部分。

(8) $\text{Int}(x)$:返回 x 的整数部分。

说明:对数值型变量取整,可以用 $\text{Fix}(x)$ 和 $\text{Int}(x)$ 函数,当函数参数 x 是正数时,$\text{Fix}(x)$和$\text{Int}(x)$结果相同;当参数 x 是负数时,则 $\text{Int}(x)$函数返回不大于 x 的最大的负整数,而 $\text{Fix}(x)$ 函数则返回不小于 x 的最小的负整数。例如,$\text{Fix}(10.3)$ 返回 10,$\text{Int}(10.3)$返回 10,$\text{Fix}(-10.3)$返回-10,$\text{Int}(-10.3)$返回-11。

9. 字符串函数

(1) 取子串函数

$\text{Left}(x,n)$:返回字符串 x 从左起取 n 个字符组成的字符串。如 $\text{Left}(\text{"Hello! "},5)$的返回值是"Hello"。

$\text{Right}(x,n)$:返回字符串 x 从右起取 n 个字符组成的字符串。如 $\text{Right}(\text{"Hello! "},5)$的返回值是"ello!"。

$\text{Mid}(x,m,n)$:返回字符串 x 从第 m 个字符起的 n 个字符所组成的字符串。如 $\text{Mid}(\text{"Hello! "},2,3)$的返回值是"ell"。

（2）删除空格函数

Ltrim(x)：返回去掉字符串 x 前导空格符后的字符串。

Rtrim(x)：返回去掉字符串 x 尾部空格符后的字符串。

Trim(x)：返回去掉字符串 x 前导和尾部空格符后的字符串。

（3）Len(x)：返回字符串 x 的长度，如果 x 不是字符串，则返回 x 所占存储空间的字节数。如 Len("Hello!")的返回值是 6

（4）Instr(x,y)：字符串查找函数，返回字符串 y 在字符串 x 中首次出现的位置，如果字符串 y 没有在字符串 x 中出现，则返回值为 0

（5）大小写转换函数

Lcase(x)：返回字符串 x 全部转成小写后的字符串。如 Lcase("HELLO!")的返回值是"hello! "。

Ucase(x)：返回字符串 x 全部转成大写后的字符串。如 Ucase("hello!")的返回值是"HELLO!"。

（6）Space(n)：返回由 n 个空格字符组成的字符串。表达式"Hello"& Space(4) & "everyone!"表达的字符串是"Hello ＿＿＿＿ everyone!"，该字符串中包含了 4 个空格。

10. 日期和时间函数

（1）Date：返回系统当前日期。

（2）Time：返回系统当前时间。

（3）Now：返回系统当前日期和时间。

（4）Hour(Now)、Hour(Time)：返回系统当前时间的钟点，为 0～23 的整数。

（5）Minute(Now)、Minute(Time)：返回系统当前时间的分钟，为 0～59 的整数。

（6）Second(Now)、Second(Time)：返回系统当前时间的秒钟，为 0～59 的整数。

11. 类型转换函数

（1）Val(x)与 Str(x)

Val(x)函数的作用是将数字字符串 x 转换成相应的数值型数据，当 x 中出现非数字字符时，则将第一个非数字字符前面的数字字符串转换成数值型数据。例如：

```
Val("123.45")          '返回值为 123.45
Val("abc123.45")       '返回值为 0
Val("12 abc 3.45")     '返回值为 12
```

Str(x)函数的作用是将数值型数据 x 转换成字符串型数据，当 x 是正数或零时，转换成的字符串第一位是空格，当 x 是负数时，转换成的字符串第一位是负号。转换时小数点最后的"0"会被去掉。例如：

```
Str(100)               '返回值为"100"
Str(-100.1200)         '返回值为"-100.12"
```

（2）Chr(x)与 Asc(x)

Chr(x)函数是将 ASCII 码值转换成对应字符，x 是 ASCII 码值。例如：

```
Chr(65)                    '返回值为"A"
Chr(90)                    '返回值为"Z"
Chr(97)                    '返回值为"a"
Chr(122)                   '返回值为"z"
Chr(13)                    '返回值为一个回车符
Chr(8)                     '返回值为一个退格符
```

$Asc(x)$ 函数是将字符转换成对应的 ASCII 码值，x 是字符。当 x 是多个字符的字符串时，只取首字母的 ASCII 码值作为返回值。例如：

```
Asc("A")                   '返回值为 65
Asc("ABC")                 '返回值为 65
```

12. 随机函数

$Rnd(x)$：随机函数，可以不要参数，不要参数时括号也省略。返回 $[0,1)$ 之间的双精度随机数。若要产生 $1\sim100$ 的随机整数，可以通过如下表达式来实现：

```
Int(Rnd * 100)+1           '产生 [1,100]间的一个随机整数
```

推广一下，产生 $[N,M]$ 区间的随机数的表达式为：$Int(Rnd*(M-N+1))+N$。

案例 2-3　选择结构——IF 语句的使用

【案例效果】

程序运行时，启动窗体如图 2-15 所示。在文本框中输入成绩，然后单击"获得评语"按钮，在右边的标签里显示对该成绩的评语。评语级别为：成绩在 $[85,100]$ 区间内的为优秀，在 $[75,85]$ 区间的为良好，在 $[60,75]$ 区间的为合格，在 $[0,60]$ 区间的为不合格。当输入的成绩超出 $[0,100]$ 区间时，单击"获得评语"按钮弹出"输入错误"消息框，如图 2-16 所示，单击消息框的"确定"按钮后，把文本框清空，焦点重新置于文本框上，等待用户重新输入成绩。正常输入情况下，如输入成绩为"90"，运行效果如图 2-17 所示。单击"退出"按钮弹出如图 2-18 所示的"退出"消息框，再单击"退出"消息框的"确定"按钮退出应用程序。

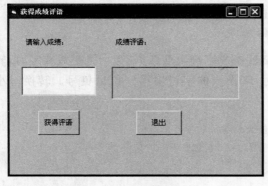

图 2-15　程序启动主窗体

图 2-16　"输入错误"消息框

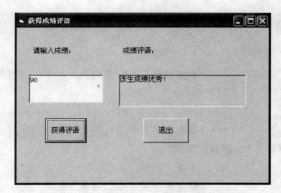

图 2-17　输入"90"后的运行界面

图 2-18　"退出"消息框

通过本案例的学习,主要掌握选择结构中 If 语句的使用方法以及 MsgBox 函数的用法。

【设计过程】

1. 界面设计

启动 Visual Basic 6.0,新建一个"标准 EXE"工程,然后在窗体 Form1 上绘制 3 个标签控件(Label1~Label3)、一个文本框(Text1)、两个命令按钮(Command1、Command2)。设置各个对象的属性后,界面如图 2-19 所示。

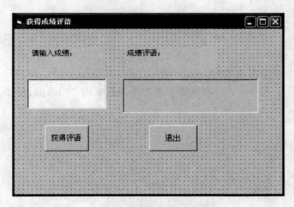

图 2-19　属性设置后的界面

2. 属性设置

本案例中各对象的属性设置如表 2-8 所示。

表 2-8　属性设置

对　象	属性名	属性值	对　象	属性名	属性值
Form1	Caption	获得成绩评语	Label3	BorderStyle	1-Fixed Single
Label1	Caption	请输入成绩:	Text1	Text	(空)
Label2	Caption	成绩评语:	Command1	Caption	获得评语
Label3	Caption	(空)	Command2	Caption	退出

3. 代码设计

在代码编辑器窗口中编写如下代码：

```
Private Sub Command1_Click()                    '单击"获得评语"按钮执行本事件过程代码
    Dim x As Double
    x=Val(Text1.Text)
    If x>100 Or x<0 Then                        '输入成绩不在 0~100 范围内
        MsgBox"输入成绩错误,请重新输入!",,"输入错误"
        Text1.Text=""                           '清空文本框
        Text1.SetFocus                          '焦点置于文本框上等待重新输入
    ElseIf x>=85 Then                           '成绩在 85~100 范围内
        Label3.Caption="该生成绩优秀!"
    ElseIf x>=75 Then                           '成绩在 75~84 范围内
        Label3.Caption="该生成绩良好!"
    ElseIf x>=60 Then                           '成绩在 60~74 范围内
        Label3.Caption="该生成绩合格!"
    Else                                        '成绩在 0~59 范围内
        Label3.Caption="该生成绩不合格!"
    End If
End Sub


Private Sub Command2_Click()                    '单击"退出"按钮执行本事件过程代码
    Dim i As Integer
    i=MsgBox("是否退出系统?",vbOKCancel+vbQuestion,"退出")
    If i=1 Then              '判断是否单击了消息框的 OK(确定)按钮,如果是,结束程序
        End
    End If
End Sub
```

【相关知识】

1. 基本控制结构概述

Visual Basic 6.0 支持结构化程序设计方法。结构化程序设计方法具有单入口和单出口的特点，结构清晰，易读性强，也容易诊断排除故障。

结构化程序设计有顺序结构、选择结构、循环结构 3 种基本控制结构。

所谓顺序结构，就是按照语句的书写顺序依次执行，一般的程序设计中，顺序结构的语句主要赋值语句、输入输出语句等。顺序结构如图 2-20 所示，先执行 A 语句，再执行 B 语句，自上而下依次执行。其中图 2-20 （a）为传统流程图，图 2-20 （b）为 N-S 流程图。顺序结构是结构化程序设计中最简单的流程控制结构，只能解决流水作业问题。

在解决实际问题时，往往需要对给定的条件进行分析、比较和判断，根据判断的结果（True 或 False），然后决定程序的执行流程，这就用到选择结构。如图 2-21 所示即为选

择结构的流程图。程序运行时,先判断表达式 E 的逻辑值,如果为真,执行 A,否则执行 B。

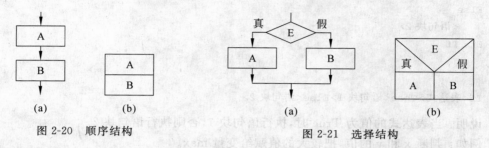

图 2-20　顺序结构　　　　　　　　　　图 2-21　选择结构

循环结构也称重复结构。在程序处理中,经常需要重复执行某一条语句或某一组程序代码,以最终完成某项任务,循环结构可以完成这样的功能。在后面的案例中将会详细介绍循环结构的使用方法。

本案例主要介绍选择结构中 If 语句的用法。

2. 选择结构的 If…Then 语句

If…Then 语句是条件转移语句,根据对条件的判断结果,决定程序的下一步执行语句。

语法格式:

```
If<表达式>Then
    语句块
End If
```

或者

```
If<表达式>Then<语句>
```

说明:当程序执行上述语句时,先判断表达式的值,表达式的值应为 Boolean 型,若表达式的值为 True,则执行 Then 后面的语句或语句块;若表达式的值为 False,则执行 If…Then 语句的后继语句。另外,若表达式的值为数值,则零会转换为 False,非零的数值转换为 True。

例如:比较 x 和 y 的值,如果 x<y,交换 x 和 y 的值。

```
If x<y Then
    t=y                        't为中间变量
    y=x
    x=t
End If
```

上面等价形式为:

```
If x<y Then t=y:y=x:x=t
```

3. 选择结构的 If…Then…Else 语句

语法格式:

```
If<表达式>Then
    <语句块 1>
Else
    <语句块 2>
End If
```

或者

```
If<表达式>Then<语句块 1>Else<语句块 2>
```

说明：当表达式的值为 True 时，执行语句块 1，否则执行语句块 2。

例如：判断 x 和 y 的值，把较大的值赋给变量 max。

```
If x<y Then
    max=y
Else
    max=x
End If
```

与上面等效的语句：

```
If x<y Then max=y Else max=x
```

4. 选择结构的 If…Then…ElseIf 语句

语法格式：

```
If<表达式 1>Then
    <语句块 1>
ElseIf<表达式 2>Then
    <语句块 2>
    …
ElseIf<表达式 n>Then
    <语句块 n>
[Else
    <语句块 n+1>]
End If
```

说明：执行过程是，首先判断表达式 1 的值，如果为 True，则执行语句块 1，然后结束 If 语句并执行 End If 的后继语句。如果表达式 1 为 False，则判断表达式 2 的逻辑值。若表达式 2 为 True，则执行语句块 2，然后结束 If 语句并执行 End If 的后继语句，否则往下面继续判断其他表达式的逻辑值。若所有表达式的值都为 False，则执行语句块 $n+1$。

本案例中采用的即为 If…Then…ElseIf 语句。

5. IIF 函数

IIF 函数可用来执行简单的条件判断操作，它相当于 If…Then…Else 语句的作用。语法格式如下：

```
IIF(表达式,表达式 1,表达式 2)
```

说明：调用 IIF 函数时，会返回一个值，返回的值在表达式 1 和表达式 2 中产生。执行时，首先判断表达式的值，如果为 True，则把表达式 1 的值作为函数的结果返回，否则，把表达式 2 的值作为函数的结果返回。

例如：判断 x 和 y 的值，把较大的值赋给变量 max。

```
max=IIF(x>y,x,y)
```

它与下面语句等价：

```
If x>y Then max=x Else max=y
```

6. MsgBox 函数

本案例中用到了 MsgBox 函数。Visual Basic 6.0 在与用户交互方面非常方便，通过 InputBox 函数和 MsgBox 函数创建自定义对话框进行输入和输出。MsgBox 函数用于向用户发布提示信息，要求用户作出响应。调用 MsgBox 函数时，弹出消息框，等待用户单击按钮，并返回一个整数告诉系统用户单击的是哪一个按钮。

语法格式如下：

变量=MsgBox(消息文本 [,对话框样式] [,标题])

说明：

（1）消息文本：该项不能省略，在对话框中作为提示信息显示的字符串，用于提示信息。如果消息的内容超过一行时，可以在每行之间插入回车符（Chr(13)）或换行符（Chr(10)）进行换行。

（2）标题：可选项，在对话框标题栏中显示的标题。

（3）对话框样式：可选项，用于指定按钮的类型、图标类型、默认按钮以及对话框模式等。设置格式如下：

按钮类型+图标类型+默认按钮+对话框模式

对话框样式设置如表 2-9 所示。

表 2-9　对话框样式

分　类	内部常量	数值	说　明
按钮类型	vbOKOnly	0	（默认值）只显示 OK（确定）按钮
	vbOKCancel	1	显示 OK（确定）及 Cancel（取消）按钮
	vbAbortRetryIgnore	2	显示 Abort（终止）、Retry（重试）及 Ignore（忽略）按钮
	vbYesNoCancel	3	显示 Yes（是）、No（否）及 Cancel（取消）按钮
	vbYesNo	4	显示 Yes（是）及 No（否）按钮
	vbRetryCancel	5	显示 Retry（重试）及 Cancel（取消）按钮

续表

分　类	内部常量	数值	说　　明
图标类型	vbCritical	16	显示关键信息图标
	vbQuestion	32	显示疑问图标
	vbExclamation	48	显示警告图标
	vbInformation	64	显示通知图标
默认按钮	vbDefaultButton1	0	第一个按钮
	vbDefaultButton2	256	第二个按钮
	vbDefaultButton3	512	第三个按钮
	vbDefaultButton4	768	第四个按钮
对话框模式	vbApplicationModal	0	应用程序强制返回，应用程序一直被挂起，直到用户对消息框作出响应才继续工作
	vbSystemModal	4096	系统强制返回，全部应用程序都被挂起，直到用户对消息框作出响应才继续工作

（4）MsgBox 函数的返回值：MsgBox 函数等待用户单击按钮，返回一个整型值，告诉系统用户单击了哪个按钮，返回值见表 2-10。如果用户按 Esc 键，则与单击 Cancel 按钮的效果相同。

表 2-10　MsgBox 函数的返回值

单击的按钮名	内部常量	返回值	单击的按钮名	内部常量	返回值
OK	vbOK	1	Ignore	vbIgnore	5
Cancel	vbCancel	2	Yes	vbYes	6
Abort	vbAbort	3	No	vbNo	7
Retry	vbRetry	4			

例如：

```
i=MsgBox("是否退出系统?",vbOKCancel+vbQuestion,"退出")
```

语句执行时对应的消息框如图 2-22 所示。

图 2-22　"退出"消息框

当单击图 2-22 的"确定"按钮时，从表 2-10 可以查到 MsgBox 函数的返回值为 1，这样变量 i 的值就为 1。

注意：如果仅使用 MsgBox 显示信息，且不需要返回整型值，则需要把括号去掉，例如本案例中的语句：

MsgBox"输入成绩错误，请重新输入！",,"输入错误"

案例 2-4　选择结构——Select Case 语句的使用

【案例效果】

某商场为了促销，采用购物打折的优惠办法。每位顾客一次购物享受以下优惠：

(1) 消费 1000 元以下，不优惠；

(2) 消费 1000～2000 元，按九五折优惠；

(3) 消费 2001～3000 元，按九折优惠；

(4) 消费 3001～5000 元，按八五折优惠；

(5) 消费 5000 元以上，按八折优惠。

设计程序，程序运行时，启动窗体如图 2-23 所示。输入一次购物消费的金额（按整数输入），然后单击"查询"按钮，查询打折后实际支付的金额、优惠情况及优惠金额。例如输入消费金额为 3000，单击"查询"按钮后查询到的信息如图 2-24 所示。

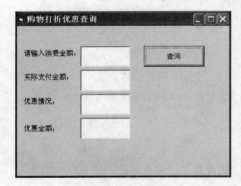
图 2-23　程序启动主窗体

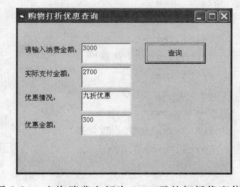
图 2-24　查询消费金额为 3000 元的打折优惠信息

通过本案例的学习，主要掌握选择结构中 Select Case 语句的使用方法。

【设计过程】

1. 界面设计

启动 Visual Basic 6.0，新建一个"标准 EXE"工程，然后在窗体 Form1 上绘制 4 个标签控件（Label1～Label4）、4 个文本框（Text1～Text4）、一个命令按钮（Command1）。设置各个对象的属性后，界面如图 2-25 所示。

2. 属性设置

本案例中各对象的属性设置如表 2-11 所示。

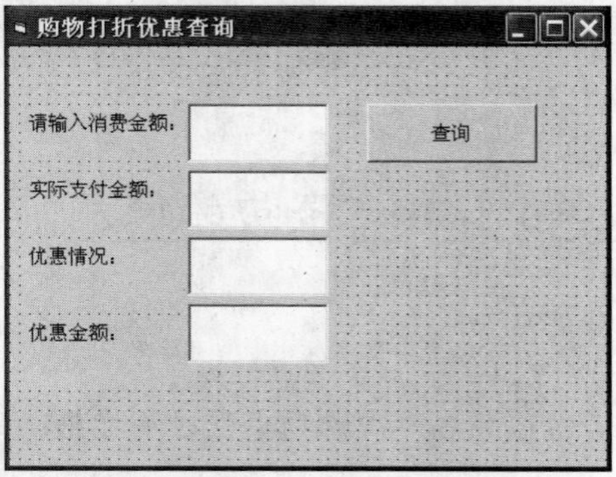

图 2-25　属性设置后的界面

表 2-11　属性设置

对　象	属性名	属性值
Form1	Caption	购物打折优惠查询
Label1	Caption	请输入消费金额：
Label2	Caption	实际支付金额：
Label3	Caption	优惠情况：
Label4	Caption	优惠金额：
Text1	Text	（空）
Text2	Text	（空）
Text3	Text	（空）
Text4	Text	（空）
Command1	Caption	查询

3. 代码设计

在代码编辑器窗口中编写如下代码：

```
Private Sub Command1_Click()              '单击"查询"按钮执行本事件过程代码
  Dim i As Integer
  i=Val(Text1.Text)
  Select Case i
  Case Is<1000                            '消费在 1000 元以下
    Text2.Text=i
    Text3.Text="不优惠"
    Text4.Text=0
  Case 1000 To 2000                       '消费在 1000~2000 元
    Text2.Text=0.95 * i
    Text3.Text="九五折优惠"
    Text4.Text=0.05 * i
  Case 2001 To 3000                       '消费在 2001~3000 元
    Text2.Text=0.9 * i
    Text3.Text="九折优惠"
    Text4.Text=0.1 * i
  Case 3001 To 5000                       '消费在 3001~5000 元
    Text2.Text=0.85 * i
    Text3.Text="八五折优惠"
    Text4.Text=0.15 * i
  Case Else                               '消费在 5000 元以上
    Text2.Text=0.8 * i
    Text3.Text="八折优惠"
    Text4.Text=0.2 * i
  End Select
End Sub
```

【相关知识】

Select Case 语句是选择结构中的多分支情况语句,与 If…Then…Else 语句结构类似。对于多重选择的情况,用 Select Case 语句效率更高,更直观。

Select Case 语句的语法格式:

```
Select Case 变量|表达式
Case 表达式 1
    语句块 1
[Case 表达式 2
    语句块 2]
…
…
[Case Else
    语句块 n]
End Select
```

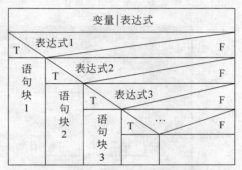

图 2-26   Select Case 程序结构流程图

说明:

(1) Select Case 语句的执行过程如图 2-26 所示。首先求变量|表达式的值,然后依次与每个 Case 的表达式的值进行比较,如果相等,就执行该 Case 的语句块。如果所有表达式都没有匹配的,则执行 Case Else 子句中的语句块。

(2) 表达式 1、表达式 2…可以取以下 4 种形式:

① 具体常数,如 1,2,"A"等。

② 连续的数据范围,如 1 to 100,a to z。

③ 满足某个条件的表达式,如 Is<1000。

④ 可以同时设置多个不同的范围,用逗号隔开,如 10,20 to 30。

案例 2-5   选择结构的嵌套

【案例效果】

编程实现如图 2-27 所示的密码登录程序。假如设置好的用户名和密码分别为"abc"和"123",当用户名输入正确而密码输入有误时,弹出如图 2-28 所示的"密码错误"消息框,单击"确定"按钮后重新输入密码;当用户名输入有误时,弹出如图 2-29 所示的"此用户名不存在"消息框,单击"确定"按钮后重新输入用户名;当用户名和密码都输入正确时,如图 2-30 所示,此时弹出如图 2-31 所示的"欢迎登录"消息框。

通过本案例的学习,主要掌握选择结构嵌套的使用方法。

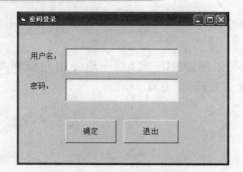

图 2-27　密码登录窗体

图 2-28　消息框(1)

图 2-29　消息框(2)

图 2-30　输入正确的用户名和密码　　　　　图 2-31　消息框(3)

【设计过程】

1. 界面设计

启动 Visual Basic 6.0,新建一个"标准 EXE"工程,然后在窗体 Form1 上绘制两个标签控件(Label1、Label2)、两个文本框(Text1、Text2)、两个命令按钮(Command1、Command2)。设置各个对象的属性后,界面如图 2-32 所示。

2. 属性设置

本案例中各对象的属性设置如表 2-12 所示。

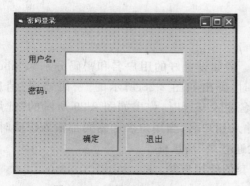

图 2-32　属性设置后的界面

表 2-12　属性设置

对象	属性名	属性值
Form1	Caption	"密码登录"
Label1	Caption	"用户名:"
Label2	Caption	"密码:"
Text1	名称	txtusername
Text1	Text	(空)
Text2	名称	txtpassword
Text2	Text	(空)
Command1	名称	cmdok
Command1	Caption	"确定"
Command2	名称	cmdcancel
Command2	Caption	"退出"

3. 代码设计

在代码编辑器窗口中编写如下代码：

```
Private Sub cmdcancel_Click()                '单击"退出"按钮执行本事件过程代码
    Unload Me
End Sub


Private Sub cmdok_Click()                    '单击"确定"按钮执行本事件过程代码
If txtusername.Text="abc"Then
  If txtpassword="123"Then                   'If…Then…Else 结构的嵌套
    MsgBox"欢迎登录!",,"输入正确"            '用户名和密码输入正确
  Else
    MsgBox"密码错误!",,"提示信息"            '密码输入错误
    txtpassword.Text=""
    txtpassword.SetFocus
  End If
Else
    MsgBox"此用户名不存在!",,"提示信息"      '用户名输入错误
    txtusername.Text=""
    txtusername.SetFocus
End If
End Sub
```

【相关知识】

在 If 语句的 Then 分支和 Else 分支中可以完整的嵌套另一 If 语句或 Select Case 语句，同样，Select Case 语句每一个 Case 分支中都可以嵌套另一完整的 If 语句或 Select Case 语句。

下面是常用的几种选择结构的嵌套形式：

（1）If ＜表达式 1＞ Then

…

```
 If<表达式 2>Then
  …
 Else
  …
 End If
Else
 If<表达式 3>Then
  …
 Else
  …
 End If
```

```
    ...
    End If
    (2) If<表达式 1>Then
    ...
  ┌Select Case<变量 | 表达式>
  │Case 表达式 1
  │...
  │Case 表达式 2
  │...
  │Case Else
  │...
  └End Select
    ...
    End If
    (3) Select Case<变量 | 表达式>
    Case 表达式 1
  ┌If<表达式>Then
  │...
  ┤Else
  │...
  └End If
    Case 表达式 2
    ...
    Case Else
    ...
    End Select
```

说明:

① 嵌套只能在一个分支内嵌套,不能出现交叉。

② 多层 If 嵌套结构中,要注意 If 和 Else 的配对关系,Else 语句不能单独使用,必须与 If 配对使用,且遵循就近原则配对。

③ 为了便于阅读与维护,建议在写含有多层嵌套的选择结构程序时,使用缩进对齐方式。

案例 2-6   循环结构——For…Next 循环

【案例效果】

编程实现如图 2-33 所示的循环求和程序。当程序运行时,单击"计算"按钮,弹出如图 2-34 所示的消息框,消息框里显示出 s＝1＋2＋3＋…＋100 的值。

图 2-33　程序启动的主窗体

图 2-34　显示计算结果的消息框

通过本案例的学习,主要掌握循环结构中 For…Next 循环的使用方法。

【设计过程】

1. 界面设计

启动 Visual Basic 6.0,新建一个"标准 EXE"工程,然后在窗体 Form1 上绘制一个标签控件(Label1)、一个命令按钮(Command1)。设置各个对象的属性后,界面如图 2-35 所示。

2. 属性设置

本案例中各对象的属性设置如表 2-13 所示。

图 2-35　属性设置后的界面

表 2-13　属性设置

对　　象	属性名	属 性 值
Form1	Caption	"For…Next 循环"
Label1	Caption	"S＝1＋2＋3＋…＋100,求 S＝?"
Command1	名称	cmdsum
Command1	Caption	"确定"

3. 代码设计

在代码编辑器窗口中编写如下代码:

```
Private Sub cmdsum_Click()              '单击"计算"按钮执行本事件过程代码
    Dim s As Integer,i As Integer
    s＝0
    For i＝1 To 100                      '利用 For…Next 循环求和
        s＝s＋I                          '求的和累加到变量 s 上
    Next i
    MsgBox"s＝"& s,,"求 s 的值"
End Sub
```

【相关知识】

1. 循环结构概述

循环结构是一种重复执行的程序结构。程序在某些条件为"真"(True)的情况下,重复执行某些语句(循环体),当条件变为"假"(False)的时候,结束循环。在 Visual Basic 中实现循环结构的语句主要有 For 循环结构和 Do 循环结构。

2. For…Next 循环

For…Next 循环结构使用一个循环变量来控制循环的次数,每循环一次,循环变量的值就会增加或减少。For…Next 循环一般用于循环次数已知的循环。For…Next 循环的语法格式如下:

```
For 循环变量=初值 to 终值 [Step 步长]
语句块
[Exit For]          循环体
Next 循环变量
```

说明:

(1) 执行 For 循环的过程如下。

① 循环变量赋初值。

② 如果步长为正值,测试循环变量是否大于终值;如果步长为负值,则测试循环变量是否小于终值;如果是,则推出循环。

③ 执行语句块。

④ 循环变量=循环变量+步长。

⑤ 转到步骤②。

For 循环的执行过程如图 2-36 所示。

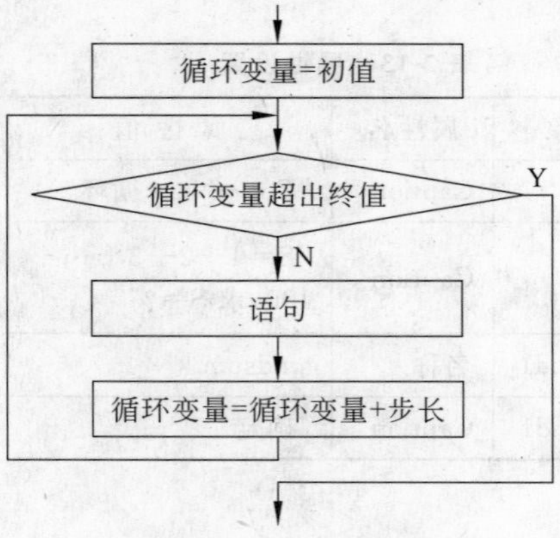

(2) 关于"步长"需要注意以下两点。

① 步长可正可负。如果步长为正值,则循环变量初始值必须小于等于终值,否则不能执行循环体语句;如果步长为负值,则循环变量初始值必须大于等于终值,否则不能执行循环体语句。

② 如果没有设置 Step,则步长默认默认值为 1。

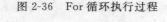

图 2-36 For 循环执行过程

(3) Exit For 语句是可选项,用来强制结束 For 循环。

(4) 若用 For 循环步长为 −1 来计算 1~100 的和,则案例中的程序可以修改为:

```
Private Sub cmdsum_Click()
    Dim s As Integer,i As Integer
    s=0
    For i =100 To 1 Step-1
        s=s+I
```

```
    Next i
    MsgBox"s="& s,,"求 s 的值"
End Sub
```

案例 2-7　　循环结构———Do…Loop 循环

【案例效果】

编程实现如图 2-37 所示的判断素数的功能。程序运行时,在文本框里输入一个大于等于 2 的正整数,单击"判断素数"按钮,弹出消息框显示判断的结果。例如,当输入 9 时,判断的结果如图 2-38 所示,当输入 5 时,判断的结果如图 2-39 所示。

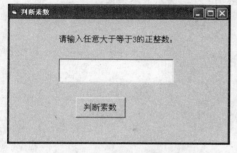

图 2-37　程序启动的窗体

图 2-38　消息框(1)

图 2-39　消息框(2)

通过本案例的学习,主要掌握循环结构中 Do…Loop 循环的使用方法。

【设计过程】

1. 界面设计

启动 Visual Basic 6.0,新建一个"标准 EXE"工程,然后在窗体 Form1 上绘制一个标签控件(Label1)、一个文本框控件(Text1)和一个命令按钮(Command1)。设置各个对象的属性后,界面如图 2-40 所示。

2. 属性设置

本案例中各对象的属性设置如表 2-14 所示。

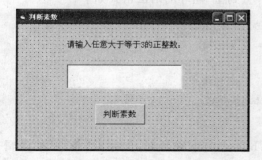

图 2-40　属性设置后的界面

表 2-14　属性设置

对　象	属性名	属　性　值
Form1	Caption	判断素数
Label1	Caption	请输入任意大于等于 2 的正整数
Command1	名称	cmdpnum
Command1	Caption	判断素数

3. 代码设计

在代码编辑器窗口中编写如下代码：

```
Private Sub cmdpnum_Click()              '单击"判断素数"按钮执行本事件过程代码
    Dim n As Integer
    Dim i As Integer
    Dim flag As Boolean
    n=Val(txtnum.Text)
    i=2
    flag=False                           'flag为逻辑型的标记变量,False表示n为素数
    Do While (i<=Sqr(n))
        If n Mod i=0 Then
            flag=True                    'flag为True,表示n不是素数
            Exit Do
        Else
            i=i+1
        End If
    Loop
    If flag=False Then
        MsgBox n &"是素数!",,"判断素数"
    Else
        MsgBox n &"不是素数!",,"判断素数"
    End If
End Sub
```

程序分析：所谓素数，是指除了 1 和该数本身，不能被任何其他整数所整除的自然数，2 是最小的素数。判断一个自然数 $n(n \geqslant 3)$ 是否为素数，只要依次用 $2 \sim \sqrt{n}$ 作除数去除 n，若 n 不能被其中任何一个数整除，则 n 即为素数。

【相关知识】

1. Do 循环

Do 循环有两种形式："当型"循环和"直到型"循环。

"当型"循环的语法格式如下：　　　　　　"直到型"循环的语法格式如下：

```
Do While | Until 条件                    Do
    语句块                                   语句块
    [Exit Do]                               [Exit Do]
    语句块                                   语句块
Loop                                     Loop While | Until 条件
```

说明：

(1)"当型"循环的执行步骤：执行 Do While…Loop 循环时，先判断"条件"的逻辑值，当"条件"为真（True）时，循环执行循环体语句，直到条件为假（False）结束循环。若循

环体中有 Exit Do 语句,则强制跳出循环。Do While…Loop "当型"循环的执行过程如图 2-41 所示。

(2)"直到型"循环与"当型"循环不同的是,当执行 Do…Loop While 循环时,先执行语句块,然后再判断条件, 只要条件为真(True)就执行语句块,然后再判断条件。若 条件为假(False)结束循环。"直到型"循环能保证语句块 至少被执行一次。若循环体中有 Exit Do 语句,则强制跳出 循环。"直到型"循环 Do…Loop While 语句的执行过程如 图 2-42 所示。

(3)当使用 Until 条件构成循环时,若条件为假,则反复执 行循环体语句,直到条件为真时退出循环。Do Until…Loop 循环和 Do…Loop Until 循环循环执行过程如图 2-43 和图 2-44 所示。

图 2-41　Do While…Loop
执行过程

图 2-42　Do…Loop While
执行过程

图 2-43　Do Until…Loop
执行过程

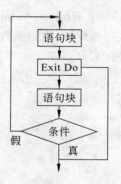

图 2-44　Do…Loop Until
执行过程

(4)在循环体中一般应有一个专门用来改变条件表达式值的语句,这样随着循环语句的执行,让条件表达式的值逐渐改变,最终达到不符合循环条件从而跳出循环结构。

(5)用"当型"循环 Do While…Loop 计算 s＝1＋2＋3…＋100 的值,程序示例如下:

```
Dim i As Integer
Dim s As Integer
i=1:s=0
Do While i<=100
    s=s+i
    i=i+1
Loop
```

s 的结果是 5050。

(6)用"直到型"循环 Do... Loop While 计算 s＝1＋2＋3…＋100 的值,程序示例如下:

```
Dim i As Integer
```

```
Dim s As Integer
i=1:s=0
Do
    s=s+i
    i=i+1
Loop While i<=100
```

s 的结果是 5050。

2. While…Wend 循环

While…Wend 循环的语法格式如下:

```
While 条件
    循环体
Wend
```

说明:While…Wend 循环与 Do While…Loop 循环的用法和功能相似。当条件为真时,执行循环体,直到条件为假时跳出循环。

用 While…Wend 循环计算 s=1+2+3…+100 的值,程序示例如下:

```
Dim i As Integer
Dim s As Integer
i=1:s=0
While i<=100
    s=s+i
    i=i+1
Wend
```

案例 2-8　循环结构的嵌套

【案例效果】

编程实现打印菱形图案的功能。当程序运行时,单击窗体,在窗体上打印出一个由"＊"构成的菱形图案,菱形图案如图 2-45 所示。

通过本案例的学习,主要掌握循环结构嵌套的用法。

【设计过程】

1. 界面设计

本案例的界面是创建工程后生成的窗体,不需要单独设计界面。

2. 属性设置

设置窗体 Form1 的 Caption 属性值为"打印菱形

图 2-45　"打印菱形图案"程序的运行效果图

图案"。

3. 代码设计

在代码编辑器窗口中编写如下代码：

```
Private Sub Form_Click()              '程序运行时单击窗体执行本事件过程代码
    Dim i As Integer                  '定义行变量
    Dim j As Integer                  '定义打印个数的变量
    '打印菱形的上半部分
    For i=1 To 5                       '打印行数
        Print Space(5-i);             '打印空格
        For j=1 To 2*i-1              '每行打印 * 的个数
            Print"*";
        Next j
        Print                         '换行
    Next i
    '打印菱形的下半部分
    For i=4 To 1 Step-1
        Print Space(5-i);
        For j=1 To 2*i-1
            Print"*";
        Next j
        Print
    Next i
End Sub
```

程序分析：

（1）本案例代码中，在 For 循环中嵌套了 For 循环。外层 For 循环的循环变量控制打印的行数，内层 For 循环的循环变量控制每行打印星号（ * ）的个数。

（2）单独一个 Print 语句的作用是换行。

（3）函数 Space(i)的作用是生成由 i 个空格构成的字符串。

【相关知识】

在一个循环结构内完整的包含另一个循环结构，称为循环嵌套。例如可以在 For…Next 循环中嵌套 Do…Loop 循环，也可以在 Do…Loop 循环中嵌套 For…Next 循环，还可以在 For…Next 循环中嵌套 For…Next 循环，在 Do…Loop 循环中嵌套 Do…Loop 循环。下面列出几种常见的二重嵌套形式：

（1）

```
For I=…
    …
    For J=…
        …
    Next J
    …
Next I
```

（2）

```
For I=…
    …
    Do While|Until…
        …
    Loop
    …
Next I
```

(3)

```
Do While|Until…
    …
    For I=…
        …
    Next I
    …
Loop
```

(4)

```
Do While|Until…
    …
    Do While|Until…
        …
    Loop
    …
Loop
```

上面二重嵌套形式中只列出了"当型"循环,"直到型"循环在循环嵌套中的用法和"当型"循环类似,这里就不再列举。

注意,在使用循环嵌套时,一定要防止两种不能循环结构的交叉使用,例如下面的循环嵌套是错误的:

(1)

```
For I=…
    …
    For J=…
        …
    Next I
    …
Next J
```

(2)

```
For I=…
    …
Do While|Until…
    …
    Next I
    …
Loop
```

案例 2-9   选择、循环结构综合应用示例

【案例效果】

设计一个字符加密程序。输入一个字符串,按照以下规律加密:如果输入的是字母,则把该字母转换成其后的第三个字母,如 A 转换成 D,相应的最后三个字母 X 转换成 A,Y 转换成 B,Z 转换成 C,小写字母也一样,输入的其他字符不变。程序运行效果如图 2-46 所示。

图 2-46　案例运行效果图

【设计过程】

1. 界面设计

启动 Visual Basic 6.0,新建一个"标准 EXE"工程,然后在窗体 Form1 上绘制两个标签控件(Label1、Label2)、两个文本框控件(Text1、Text2)和一个命令按钮(Command1)。设置各个对象的属性后,界面如图 2-47 所示。

2. 属性设置

本案例中各对象的属性设置如表 2-15 所示。

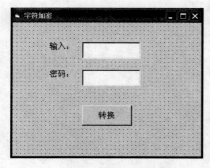

图 2-47　属性设置后的界面

表 2-15　属性设置

对象	属性名	属性值
Form1	Caption	"字符加密"
Label1	Caption	"输入："
Label2	Caption	"密码："
Command1	名称	cmdconvert
Command1	Caption	"转换"

3. 代码设计

在代码编辑器窗口中编写如下代码：

```
Private Sub cmdconvert_Click()                   '单击"转换"按钮执行本事件过程代码
  Dim str1,str2,c As String
  Dim strlen,i As Integer
  str1=txtinput.Text                            '输入的字符串赋给 str1
  strlen=Len(str1)                              '输入的字符串的长度赋给 str1
  i=1
  Do While i<=strlen
      c=Mid(str1,i,1)                           '依次取 str1 中的一个字符赋给 c
      '判断 c 是否为字母,在 Do…Loop 循环中嵌套 If 选择语句
      If (c>="a"And c<="z") Or (c>="A"And c<="Z") Then
        c=Chr(Asc(c)+3)
        '判断 c 是否为字母表的后 3 个字母
        If (c>"Z"And Asc(c)<=Asc("Z")+3) Or (c>"z"and Asc(c)<=Asc("z")+3 ) Then
           c=Chr(Asc(c)-26)
        End If
      End If
      str2=str2 & c
      i=i+1
  Loop
  txtoutput.Text=str2
End Sub
```

程序分析：程序对输入字符串进行加密时，用 Do…Loop 循环控制整个转换过程，Do…Loop 循环中嵌套了 If 选择结构，对每个字符具体进行分析和转换。

【相关知识】

循环结构中可以完整地嵌套选择结构，即把选择结构完整地放入循环体中。在选择结构中也可以完整的嵌套循环结构，但要求循环结构必须完整地嵌套在一个选择分支中。循环结构和选择结构相互嵌套时，应该特别注意避免交叉嵌套。下面给出几种

嵌套形式：

(1)

```
For I=…
…
    If … Then
    …
    End If
…
Next I
```

(2)

```
Do While…
…
    If … Then
    …
    End If
…
Loop
```

(3)

```
If … Then
…
    For I=…
    …
    Next I
…
End If
```

(4)

```
If … Then
…
    Do While…
    …
    Loop
…
End If
```

(5)

```
For I=…
…
    If … Then
    …
    Next I
…
End If
```

(6)

```
If … Then
…
    For I=…
    …
    End If
…
Next I
```

上面几种嵌套形式中，(1)～(4)是正确的嵌套形式，(5)、(6)是错误的，因为出现了交叉嵌套。

本 章 小 结

本章主要介绍了 Visual Basic 语言的基础语法知识，主要包括 Visual Basic 的标准数据类型、常量和变量、运算符和表达式、常用内部函数、程序的语句、程序的 3 种控制结构等。

Visual Basic 的标准数据类型包括字节型、逻辑型、整型、长整型、字符串型、单精度浮点型、双精度浮点型、货币型、日期型、对象型、变体型等。

常量也叫常数，是指在程序运行过程中其值保持不变的数据，常量可以是任何数据类型。在 Visual Basic 中常量分为普通常量和符号常量。

变量是指在程序运行过程中其值可变的量。变量具有名称和数据类型，实际上变量代表了内存中的一块存储空间，通过变量名可以访问该空间里存放的数据，该存储空间里的数据即为给变量赋的值，变量名代表了存储空间的地址，变量的数据类型决定了该变量存储数据的方式。

Visual Basic 的运算符有算术运算符、关系运算符、逻辑运算符、字符串运算符等。

内部函数也称标准函数或公共函数，是 Visual Basic 系统提供的。每个内部函数都有特定的功能，可以在任何程序中直接调用。常用的内部函数有数学函数、转换函数、字符串函数、日期函数等。

结构化程序设计有顺序结构、选择结构、循环结构 3 种基本控制结构。

习　题　2

一、选择题

1. 下列哪个符号是合法的变量名？_____
　　A. VB123　　　　　　　B. Abs　　　　　　　C. 99Ji　　　　　　　D. x\y

2. 假设 A="Good Morning. ",B="Afternoon,Boys. ",则下列_____表达式的结果等于"Good Boys. "。
　　A. Left(A,5)+Right(B,5)　　　　　　B. Left(A,10)+Right(B,6)
　　C. Mid(A,1,5)+Mid(B,1,6)　　　　　　D. Mid(A+B,1,11)

3. 表达式 Len("123 程序设计 VB")的值是_____。
　　A. 9　　　　　　　　　B. 13　　　　　　　　C. 14　　　　　　　　D. 10

4. 表达式(7\3+1)*(18\5−1)的值是_____。
　　A. 8.67　　　　　　　B. 7.8　　　　　　　　C. 6　　　　　　　　D. 6.67

5. 表达式 Left("asdf",2)+UCase("as")的值为_____。
　　A. asas　　　　　　　B. dfAS　　　　　　　C. dfas　　　　　　　D. asAS

6. 表达式 Int(−4.8)*6\3^2+Fix(−4.8)的值是_____。
　　A. 0　　　　　　　　　B. −5　　　　　　　　C. −6　　　　　　　　D. −7

7. 函数 Int(Rnd*100)是在_____范围内的整数。
　　A. (0,10)　　　　　　B. (1,100)　　　　　　C. [0,99]　　　　　　D. (1, 99)

8. 可获得字符的 ASCII 码的函数是_____。
　　A. Val　　　　　　　B. Fix　　　　　　　　C. Asc　　　　　　　D. Chr

9. 关于语句行,下列说法正确的是_____。
　　A. 一行只能写一个语句　　　　　　B. 一个语句可以分多行书写
　　C. 每行的首字符必须大写　　　　　　D. 长度不能超过 255 个字符

10. 要退出 Do…Loop 循环,可使用的语句是_____。
　　A. Exit　　　　　　　B. Exit For　　　　　　C. End Do　　　　　　D. Exit Do

11. 下列语句_____能使变量 p、q 的值交换。
　　A. p=q:q=p　　　　　　　　　　　B. p=t:p=q:q=t
　　C. t=p:p=q:q=t　　　　　　　　　　D. t=p:q=t:p=q

12. 下列程序段运行后,显示的结果是_____。

```
Dim x As Integer
If x Then Print x Else Print x+ 1
```

　　A. 1　　　　　　　　　B. 0　　　　　　　　　C. −1　　　　　　　　D. 报错

13. 下列语句错误的是_____。
　　A. If a=3 And b=2 Then　　　　　　B. If a=3 Then c=3
　　　　c=3　　　　　　　　　　　　　　ElseIf a=2 Then c=2
　　　　End If

```
C. If a=3 Then                    D. If a=3 Then c=3
      c=2
   ElseIf a=2 Then
      c=3
   End If
```

14. 下列程序的执行结果是_____。

```
A="abcd"
B="123"
Print A>B
```

A. True   B. 1   C. 0   D. False

二、程序填空

1. 下面是一个评分程序,10 位评委,除去一个最高分和一个最低分,计算平均分(设满分为 10 分),请把程序填写完整。

```
Max=0
Min=10
S=0
For I=1 TO 10
N=Val(InputBox("请输入分数："))
IF _____ Then Max=N

IF _____ Then Min=N
S=S+N
Next I
S=_____
P=S/8
```

2. 有如下程序：

```
Dim s As Long,i As Integer,n As Long
   s=0
   For i=1 To 10
      n=1
      n=n*i
   s=s+i
   Next i
Text1.Text=s
```

程序执行后,变量 s 和 n 的值为_____、_____。

3. 有如下程序：

```
X=5
Y=-20
```

```
If x>0 Then
    x=y-3
Else
    y=x * 3
End If
```

程序执行后,变量 x 和 y 的值为_____、_____。

4. 有如下程序:

```
Dim s As Long,x As Integer,n As Long
    s=0
    For x=1 To 6 Step 2
      n=1
      n=n*x
s=s+x
    Next x
Text1.Text=s
```

程序执行后,变量 s 和 n 的值为_____、_____。

5. 下面的程序用来计算 1! +2! +⋯+10!,并在 Form 窗体上输出结果,请把程序填写完整。

```
Dim i As Integer,s As Long,t As Long
s=0
_____
For i=1 To 10
_____
    s=s+t
Next i
Print s
```

6. 下面的程序来计算 1! +2! +⋯+10!,并在窗体上输出结果,请把程序填写完整。

```
Dim i As Integer,s As Long,t As Long
s=0
t=1
do while _____
        _____
        s=s+t
        _____
loop
Print s
```

三、编程题

1. 设计一个求解一元二次方程 $Ax^2 + Bx + C = 0$ 的程序,要求考虑实根、虚根等情况。

2. 设计一个程序，求出 1～300 之间所有的素数。

3. 编程计算 1！＋2！＋3！＋…＋10！。

4. 编程求出所有的水仙花数。水仙花数指的是一个三位数，其各位数字立方和等于等于该数字本身。例如，153 是水仙花数，因为 $153=1^3+5^3+3^3$。

四、上机题

1. 编程实现求长方形的面积。

要求：长和宽在文本框中输入，单击"计算面积"把结果显示在文本框中，如图 2-48 所示。

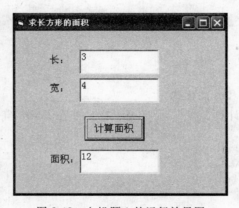

图 2-48　上机题 1 的运行效果图

2. 编程实现以下功能：程序运行时，使用 InputBox 函数输入一个年份，判断该年份是否为闰年，然后用 MsgBox 函数把结果显示出来，如图 2-49 所示。

闰年的判断必须满足下述条件之一：

（1）能被 4 整除，但不能被 100 整除的年份是闰年；

（2）能被 400 整除的年份是闰年。

3. 设计程序，程序运行时单击窗体打印由数字组成的图案，如图 2-50 所示。

图 2-49　上机题 2 的运行效果图

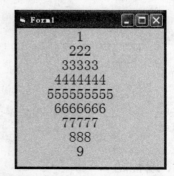

图 2-50　上机题 3 的运行效果图

第 3 章　Visual Basic 数组

本章要点：

本章介绍 Visual Basic 程序设计中有关数组使用的基本语法知识，知识要点包括：

(1) 数组的概念；

(2) 数组(一、二维)的定义及其引用；

(3) 动态数组的含义及其使用方法；

(4) 与数组相关的函数的使用方法；

(5) 与数组有关的常用算法，如排序、插入等。

案例 3-1　输入 100 个学生成绩，并输出其平均值

【案例效果】

在本例中，设计程序完成一个输入 100 个学生的成绩并求其平均成绩的任务，程序运行后，单击"输入"按钮，弹出如图 3-1 所示成绩输入窗口，输入 100 个学生成绩后，界面打印输出其平均成绩，运行结果如图 3-2 所示。

图 3-1　成绩输入窗口

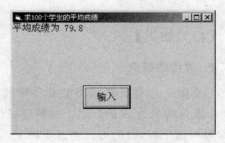

图 3-2　成绩运行结果

【设计过程】

1. 界面设计

启动 Visual Basic 6.0，新建一个"标准 EXE"工程，然后在窗体 Form1 上绘制一个命令按钮(Command1)。界面如图 3-3 所示。

2. 属性设置

在属性窗口里进行属性设置，如表 3-1 所示。

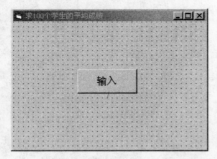

图 3-3　求 100 个学生的平均成绩界面设计

表 3-1　属性设置

对　象	属性名	属 性 值
Form1	Caption	"求 100 个学生的平均成绩"
Command1	Caption	* "输入"

3. 代码设计

在代码编辑器窗口中 Command1 的 Click 事件中编写如下代码：

```
Private Sub Command1_Click()
    Dim i As Integer,a(100) As Integer
    Dim s As Single,avg As Single
    s=0
    For i=1 To 100
      a(i)=Val(InputBox("请输入第"& i &"个学生成绩"))
      s=s+a(i)
    Next i
    avg=s/100
    Print"平均成绩为";avg
End sub
```

【相关知识】

1. 数组的概念

数组是一组具有相同类型和名称的变量的集合。如：A(1 To 100)，表示一个包含 100 个变量的名为 A 的数组。这些变量称为数组的元素，每个数组元素都有一个编号，这个编号叫做下标，我们可以通过下标来区别这些元素。数组元素的个数有时也称之为数组的长度。

数组元素中下标的个数称为数组的维数。例如案例 3-1 中，语句 Dim a(100) As Integer 定义了一个名为 a 的整型数组，来存放 100 个学生的成绩，数组 a(100) 中只有一个下标，所以称为一维数组。

2. 数组的定义

数组必须先定义后使用。数组的定义就是让系统在内存中分配一个连续的区域，用来存储数组元素。

（1）一维数组的定义。静态一维数组的定义格式：

```
Dim 数组名(下标)[As 类型]
```

说明：在数组定义时，下标必须为常数，不可以为表达式或变量；下标下界最小为－32 768，最大上界为 32 767；省略下界，其默认值为 0，一维数组的大小为：上界－下界＋1。[As 类型]用于定义数组元素的数据类型，如果省略，则为变体型。

（2）多维数组的定义

静态多维数组的定义格式：

```
Dim 数组名(下标 1[,下标 2,…])[As 类型]
```

说明：下标个数决定数组的维数，最多 60 维。每一维的大小＝上界－下界＋1；数组的大小＝每一维大小的乘积。例：

```
Dim C(-1 To 5,4)As Long
```

声明了 C 是数组名、长整型、二维数组、第一维下标范围为－1～5，第二维下标的范围是 0～4，占据 7×5 个长整型变量的空间。

（3）注意事项

在有些语言中，下界一般从 1 开始，为了便于使用，在 Visual Basic 的窗体层或标准模块层，用 Option Base n 语句可重新设定数组的默认下界，如 Option Base 1。

在数组定义时的下标只能是常数，而在数组元素的使用时，数组元素的下标可以是变量或表达式。

3. 数组元素的基本操作

（1）数组元素的引用。数组经定义后，才可在程序中使用。Visual Basic 中不能直接存取整个数组，对数组进行操作时需要引用数组的元素，使用格式如下：

```
数组(下标)
```

在引用数组元素时，数组名、数据类型和维数必须和定义时一致。另外还要注意区分数组的定义和数组元素的引用，例如下面的程序片段：

```
Dim x(8)As Integer
Dim Temp As Integer
…
Temp=x (8)
```

尽管有两个 x(8)，但是语句"Dim x(8) As Integer"中的 x(8)不是数组元素，而是说明由它声明的数组 x 的下标最大值为 8；而赋值语句

```
Temp=x(8)
```

中的 x(8)是一个数组元素。

（2）数组的赋值与输入。在程序中，凡是简单变量出现的地方都可以用数组元素代替。普通变量赋值的方法同样适用于数组元素。例如：

```
a(1)=123
b(5)='www'
```

如果数组较大，用单个赋值语句逐个给数组元素赋值，就会使程序相当长，此时也可使用 Array 函数来为数组赋值。其使用方法将在后面的案例中进行介绍。

需要对数组中每个元素逐一赋值，可以运用循环语句。如案例 3-1 中运用 for 语句，使用 InputBox 函数来完成 100 个学生成绩的输入。代码如下：

```
For i=1 To 100
    a(i)=Val(InputBox("请输入第"& i &"个学生成绩"))
    s=s+a (i)
Next i
```

（3）数组元素的输出。数组元素的输出可以使用循环语句和 Print 语句来实现，例如要输出 a 数组中的 100 个元素，可使用下面的语句：

```
For i=1 To 100
Print a(i);" ";
Next i
```

案例 3-2　　二维数组使用举例

【案例效果】

设计程序，完成一个相同阶数的矩阵的加法。程序运行时首先启动如图 3-4 所示的窗体，单击窗体上的"矩阵求和"按钮，系统随机产生两个 3×4 的矩阵 **A** 和 **B**，并把两个矩阵的加法结果显示在矩阵 **C** 中，运行效果如图 3-5 所示。

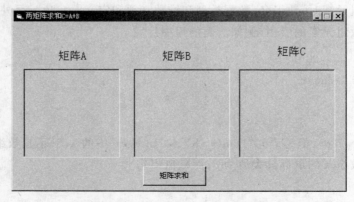

图 3-4　矩阵的加法运行初始界面图

图 3-5　矩阵的加法计算结果图

【设计过程】

1. 界面设计

启动 Visual Basic 6.0,新建一个"标准 EXE"工程,然后在窗体 Form1 上绘制一个命令按钮(Command1)、3 个 Label 控件和 3 个 PictureBox 控件,设置各个对象的属性后,界面如图 3-6 所示。

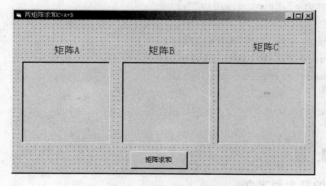

图 3-6　矩阵的加法界面设计图

2. 属性设置

在属性窗口里进行属性设置,如表 3-2 所示。

表 3-2　属性设置

对象	属性名	属性值	对象	属性名	属性值
Form1	Caption	"两矩阵求和 C＝A＋B"	Label3	Caption	"矩阵 C"
Label1	Caption	"矩阵 A"	Command1	Name	"cmdAdd"
Label2	Caption	"矩阵 B"	Command1	Caption	"矩阵求和"

3. 代码设计

双击命令按钮 cmdAdd 打开代码编辑器,在其 cmdAdd_Click 的事件中写入如下代码：

```
Private Sub cmdAdd_Click()
    Dim a(4,3) As Integer,b(4,3) As Integer,c(4,3) As Integer
      Picture1.Cls
      Picture2.Cls
      Picture3.Cls
      For i=1 To 4
        For j=1 To 3
          a(i,j)=Int(Rnd * 91)+10
          b(i,j)=Int(Rnd * 91)+10
          c(i,j)=a(i,j)+b(i,j)
        Next j
      Next i

      For i=1 To 4
        For j=1 To 3
          Picture1.Print a(i,j);"";
          Picture2.Print b(i,j);"";
          Picture3.Print c(i,j);"";
        Next j
        Picture1.Print:Picture1.Print
        Picture2.Print:Picture2.Print
        Picture3.Print:Picture3.Print
      Next i
End Sub
```

【相关知识】

1. 二维数组的概念和定义

在计算机中二维数组其实只是一个逻辑上的概念，二维数组相当于一个方阵，每个元素需要两个下标来确定位置。在内存中，二维数组只按元素的排列顺序存放，形成一个序列。二维数组的应用很广，例如在案例3-2中二维数组表示矩阵，两个下标分别与数据所处的行和列相对应，使矩阵中的每个元素都可在二维数组中找到相对应的存储位置。

二维数组的定义格式如下：

Dim 数组名(行标,列标)[As 类型]

例如案例3-2中语句：

Dim a(4,3)As Integer

定义了数组a，具有4行3列来存储将要进行加法运算的矩阵，每一个数组元素的值都是整型数据。

2. 二维数组的赋值

对二维数组及多维数组的元素赋初值时,采用"按行优先"。赋值时可采用对元素全部赋值和单个赋值两种方式。全部赋值时一般运用双重循环语句,例如案例 3-2 中使用 for 语句为二维数组赋初值:

```
For i=1 To 4
    For j=1 To 3
        a(i,j)=Int(Rnd * 91)+10
        b(i,j)=Int(Rnd * 91)+10
        c(i,j)=a(i,j)+b(i,j)
    Next j
Next i
```

案例 3-3　插入一个数到一个有序的数组中

【案例效果】

设计程序,用户通过键盘输入一个数,如图 3-7 所示,插入到一个递减的有序数组中,插入后使数组仍然递减有序。并在窗体上分别输出插入前后的数据。其效果如图 3-8 所示。

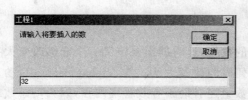

图 3-7　输入数据

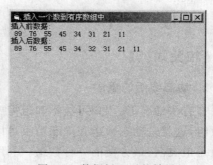

图 3-8　数据插入后的效果

【设计过程】

1. 界面设计

启动 Visual Basic 6.0,在"新建工程"对话框选择新建一个"标准 EXE"工程,新建一个 caption 为"插入一个数到有序数组中"的窗体。

2. 代码设计

双击窗体,打开代码编辑器,在窗体的 Form_Click 事件中写入如下代码:

```
Private Sub Form_Click()
    Dim a(),i%,n%,t%
```

```
    a=Array(89,76,55,45,34,31,21,11)
    n=UBound(a)
    Print"插入前数据："
    For i=LBound(a) To UBound(a)
      Print a(i);
    Next i
    Print
    ReDim Preserve a(n+1)
  t=Val(InputBox("请输人将要插人的数"))
  For i=UBound(a)-1 To LBound Step-1
      If t>=a(i) Then
          a(i+1)=a(i)
          If i=LBound Then a(i)=t
      Else
          a(i+1)=t
          Exit For
      End If
  Next i
  Print"插入后数据："
  For i=LBound(a) To UBound(a)
      Print a(i);
  Next i
End Sub
```

【相关知识】

1. 动态数组的概念

在有些情况下,用户可能不知道需要多大的数组,这时就需要定义一个能够改变大小的数组,这就是动态数组。动态数组可以在任何时间改变大小。在 Visual Basic 中,动态数组是最灵活、最方便的一种数组。利用动态数组还有助于有效管理内存,因为动态数组是使用时才开辟内存空间,在不使用这个数组时,还可以将内存空间释放给系统。这样就可以最大限度地节省内存,提高运行速度。

例如案例 3-3 中,插入数据后数组的长度会改变,我们定义了一个动态数组来存放数据。

2. 动态数组的定义和使用

创建动态数组需要两步。

(1) 和固定长度数组(静态数组)类似,用 Dim 语句(或 Private、Public、Static)定义,但是不要指定维数。如:

```
Dim MyArry()As Integer
```

(2) 以后的实际程序中,当要用到该数组时,再用 ReDim 语句分配实际的元素个数,这时需要确定元素的个数。如前面声明的数组 MyArry，可以用下面语句将它定义为一个二维数组：ReDim MyArry(10,10)。

说明：

① ReDim 语句是一个可执行语句，只能出现在过程中，并且可以多次使用，改变数组的维数和大小。

② 定长数组定义时下标只能是常量，而动态数组 ReDim 语句中的下标可以是常量，也可以是有了确定值的变量。

③ 在过程中可以多次使用 ReDim 来改变数组的大小，也可改变数组的维数。例如：

```
ReDim x(10)
ReDim x(20)
x(20)=30
Print x(20)
ReDim x(20,5)
x(20,5)=10
Print x(20,5)
```

④ 每次使用 ReDim 语句都会使原来数组中值丢失，但可以在 ReDim 后加 Preserve 参数来保留数组中的数据。但此时只能改变最后一维的大小。

例如在案例 3-3 中，首先用 Dim a( )定义一个动态数组 a，在使用过程中，语句 a＝Array(89，76，55，45，34，31，21，11)给数组赋初值，在插入数据之前，用 ReDim Preserve a(n＋1)语句来改变数组的大小，ReDim 后加 Preserve 参数来保留数组中的数据。

3. 与数组操作相关的几个函数

(1) Array 函数。Array 函数可方便地对数组整体赋值，赋值后的数组大小由赋值的个数决定。但它只能给定义为变体的动态数组赋值。

例如，案例 3-3 中先用语句 Dim a( )定义一个动态数组，用语句：

```
a=Array(89,76,55,45,34,31,21,11)
```

给数组赋初值。

注意：使用 Array 函数建立动态数组的下界由 Option Base 语句指定的下界决定，默认情况下为 0。

(2) LBound 与 UBound 函数。LBound 函数和 UBound 函数都是返回一个 Long 型数据，LBound 函数得到的值为指定数组维可用的最小下标，而 UBound 函数得到的是最大下标。使用形式如下：

```
UBound(<数组名>[,<N>])
LBound(<数组名>[,<N>])
```

其中参数含义如下。

<数组名>：数组变量的名称，遵循标准变量命名约定。

. ＜N＞：可选的参数。指定返回哪一维的上界。1 表示第一维，2 表示第二维，如此等等。如果省略默认是 1。

例如，案例 3-3 中要输出动态数组 a 的各个值，用下面的语句进行了实现：

```
For i=LBound(a) To UBound(a)
    Print a(i);
Next i
```

（3）Option Base 语句。Option Base 语句在模块级别中使用，用来声明数组下标的默认下界。语法结构：

```
Option Base{0 1 1}
```

说明：默认状态下数组下界为 0，此时无须使用 Option Base 语句。如果使用该语句规定数组下界 1，则必须在模块的数组声明之前使用 Option Base 语句。Option Base 语句只影响位于包含该语句的模块中的数组下界。

案例 3-4 冒泡排序法

【案例效果】

设计程序，用户单击窗体时系统随机产生 50 个 10～90 之间的数，用冒泡排序法实现其从小到大排序，并将排序结果输出窗体上。其效果如图 3-9 所示。

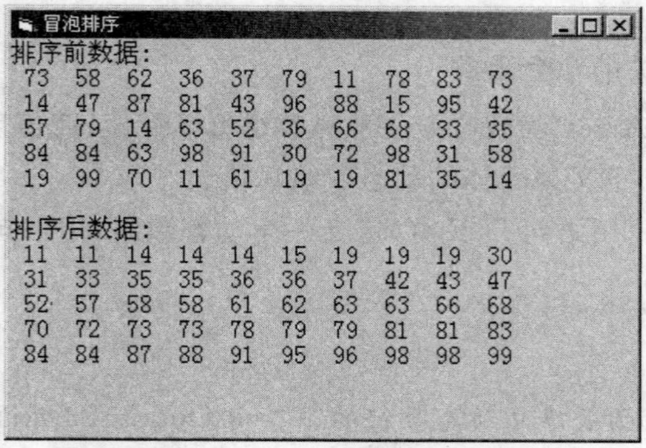

图 3-9 数据排序前后的效果图

【设计过程】

1. 界面设计

启动 Visual Basic 6.0，在"新建工程"对话框选择新建一个"标准 EXE"工程，新建一个 caption 为"冒泡排序"的窗体。

2. 代码设计

双击窗体,打开代码编辑器窗口,在窗体的 Form_Click 事件中写入如下代码:

```
Private Sub Form_Click()
    Dim i As Integer,j As Integer,t As Integer,p As Integer
    Dim a(50) As Integer
    Form1.Cls
    Print"排序前数据: "
    For i=1 To 50                          '产生[10,99]之间的随机整数
      a(i)=Int(Rnd*90)+10
      Print a(i);
      If i Mod 10=0 Then Print              '每行打印10个元素
    Next i
    Print
    '排序
    For i=1 To 50-1
      For j=1 To 50-i
        If a(j)>a(j+1) Then
          t=a(j):a(j)=a(j+1):a(j+1)=t
        End If
      Next j
    Next i
    Print"排序后数据: "
    For i=1 To 50
      Print a(i);
    If i Mod 10=0 Then Print               '打印换行
    Next i
End Sub
```

【相关知识】

冒泡排序算法介绍

冒泡排序算法是比较常用的排序算法之一,其算法(将相邻两个数比较,大数交换到后面)如下:

(1) 第 1 趟:将每相邻两个数比较,大数交换到后面,经 $n-1$ 次两两相邻比较后,最大的数已交换到最后一个位置。

(2) 第 2 趟:将前 $n-1$ 个数(最大的数已在最后)按上法比较,经 $n-2$ 次两两相邻比较后得次大的数。

(3) 依次类推,n 个数共进行 $n-1$ 趟比较,在第 j 趟中要进行 $n-j$ 次两两比较。

其算法流程图如图 3-10 所示。

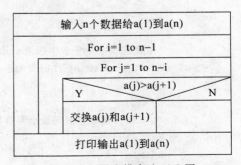

图 3-10   冒泡排序法 N-S 图

案例 3-5 选择排序法对数组 a 按递增排序

【案例效果】

设计程序,用户单击窗体时系统随机产生 10 个 10～90 之间的数,用选择排序法实现其从小到大排序,并将排序结果输出到窗体上。其效果如图 3-11 所示。

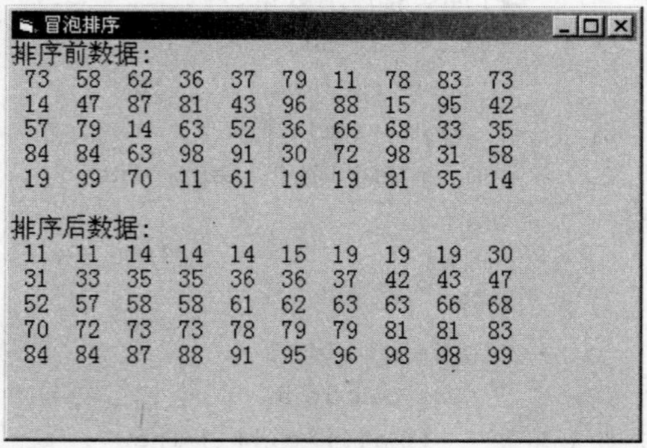

【设计过程】

1. 界面设计

启动 Visual Basic 6.0,在"新建工程"对话框选择新建一个"标准 EXE"工程,新建一个 caption 为"选择法排序"的窗体。

2. 代码设计

双击窗体,打开代码编辑器窗口,在窗体的 Form_Click 事件中写入如下代码:

图 3-11 数据排序前后的效果图

```
Private Sub Form_Click()
    Dim i As Integer,j As Integer,t As Integer,iMin As Integer
    Dim a(10) As Integer
    Form1.Cls
    Print
    Print"排序前数据: "
    For i=1 To 10                          '产生 [10,99]之间的随机整数
      a(i)=Int(Rnd * 90)+10
       Print a(i);
    Next i
    Print


    For i=1 To 10-1                        '进行 n-1 轮比较
      iMin=i                              '对第 i 轮比较时,初始假定第 i 个元素最小
      For j=i+1 To 10
      '在数组 i~n 个元素中选最小元素的下标
      If a(j)<a(iMin) Then iMin=j
      Next j
      t=a(i)
      'i~n 个元素中选出的最小元素与第 i 个元素交换
      a(i)=a(iMin)
      a(iMin)=t
    Next i
```

```
    Print"排序后数据: "
    For i=1 To 10
      Print a(i);
    Next i
End Sub
```

【相关知识】

选择排序算法介绍

选择排序算法是比较常用的排序算法之一,其算法如下:

(1) 从 n 个数的序列中选出最小的数(递增),与第 1 个数交换位置。

(2) 除第 1 个数外,其余 $n-1$ 个数再按步骤(1)的方法选出次小的数,与第 2 个数交换位置。

(3) 重复步骤(1)$n-1$ 遍,最后构成递增序列。

由此可见,数组排序必须两重循环才能实现,内循环选择最小数,找到该数在数组中的有序位置;执行 $n-1$ 次外循环使 n 个数都确定了在数组中的有序位置。若要按递减次序排序,只要每次选最大的数即可。

本 章 小 结

数组可以看做是一组具有相同类型和名称的变量的集合。数组元素是数组中某一个数据项。

当所需处理的数据个数确定的时候,一般使用定长数组,否则应该考虑使用动态数组。Visual Basic 中数组的使用都应当遵循先定义后使用的原则。对于动态数组,使用之前还必须通过 ReDim 确定其维数及每一维的大小。

使用数组可以有效地存储和处理成批数据,在处理排序、插入、统计等问题时数组起到了非常重要的作用。

习 题 3

一、选择题

1. 如下数组声明语句中正确的是_____。
    A. Dim A(4 5) As Integer
    B. Dim A(n,n) As Integer
    C. Dim A(4,5) As Integer
    D. Dim A[4,5] As Integer

2. 引用一维数组中的元素时,下标可以是_____。
    A. 常量
    B. 变量
    C. 表达式
    D. 以上全部

3. 设有数组声明:Dim a($-$2 To 4,3 To 6),则下面引用数组元素正确的是_____。

    A. a(−2,3)   B. a(5)   C. a[−2,4]   D. a(−1,7)

4. 下面说法正确的是_____。

    A. ReDim 语句只能更改数组下标上界。

    B. ReDim 语句只能更改数组下标下界。

    C. ReDim 语句不能更改数组维数。

    D. ReDim 语句可以更改数组维数。

5. 以下程序输出的结果是_____。

```
Dim a,i%
a=array(2,3,4,5,6,7,8)
For i=Lbound(a) to ubound(a)
    a(i)=a(i) * a(i)
Next i
Print a(i)
```

    A. 64   B. 0   C. 不确定   D. 程序出错

二、阅读程序题（请写出程序运行后的输出结果）

1. 请写出单击窗体后，窗体上的显示结果。

```
Private Sub Form_Click()
    Dim a(5) As Byte,i As Byte
    a(0)=1
    For i=1 To 5
    a(i)=a(i-1)+i
    Print a(i);
    Next i
End Sub
```

2. 请写出单击窗体后，窗体上的显示结果。

```
Private Sub Form_Click()
    Dim a(5,5) As Integer,i As Integer,j As Integer
    For i=1 To 5
    For j=1 To 5
        a(i,j)=i * j
    Next j
    Next i
    For i=1 To 5
        Print a(i,i);
    Next i
End Sub
```

三、编程题

1. 随机产生 14 个两位整数,找出其最大值、最小值和平均值。

2. 国际象棋棋盘中,第 1 格放 1 粒米,第 2 格放 2 粒米,第 3 格放 4 粒米,第 4 格放 8 粒米,第 5 格放 16 粒米,依次类推,请问 16 个格子总共可以放多少粒米? 请编程来实现此问题。

3. 把两个按升序(即从小到大)排列的数列 A(1),A(2),…,A(10) 和 B(1),B(2),…,B(15),合并成一个仍为升序排列的新数列。

四、上机题

1. 当前窗体上有 Command1 命令按钮,要求在 Command1_Click 事件过程里设计代码,当执行 Command1_Click 事件过程代码时,执行下列操作:

(1) 随机产生 20 个 [10,99]范围内的无序整数,存放到数组中。

(2) 将前 10 个元素与后 10 个元素对换,即第 1 个元素与第 20 个元素互换,第 2 个数与第 19 个元素互换,……,第 10 个元素与第 11 个元素互换,在窗体上输出数组原来各元素的值与对换后各元素的值。

2. 编程实现数组插入操作,把通过 InputBox 函数输入的一个数插入到递增有序的数列中,插入后的数列仍有序。

要求:在 Form_Click 事件过程中添加代码,当程序运行时单击窗体把计算结果显示在窗体上。

3. 当前窗体上有 Command1 命令按钮,要求在 Command1_Click 事件过程里设计代码,当执行 Command1_Click 事件过程代码时,执行下列操作:

(1) 随机产生 10 个[10,99]范围内的无序整数,存放到数组中,并输出到窗体上。

(2) 求数组中的最大值和平均值并输出。

(3) 输出所有大于平均值的元素。

第4章 过程设计

本章要点：

本章介绍 Visual Basic 程序设计中有关过程的基本知识，要点包括：

(1) Sub 过程和函数过程的定义和调用方法；

(2) 按值和按址两种参数传递方式的区别和用途以及数组作为参数的使用方法；

(3) 过程和变量的作用域和生存期；

(4) 过程的嵌套和递归调用。

案例 4-1　使用自定义过程比较两数大小

【案例效果】

单击窗体弹出提示框输入两个要比较的数，并以消息框显示出其中较大的数，如图 4-1 和图 4-2 所示。

图 4-1　输入要比较的数

图 4-2　显示较大的数

通过本案例的学习，可以掌握自定义过程的定义和调用方法等基本知识。

【设计过程】

本程序除窗体外不需另外使用其他控件，在窗体的单击事件中编写如下代码：

```
Private Sub Form_Click()
    Dim a As Integer,b As Integer
    a=Val(InputBox("请输入整数 a: "))
    b=Val(InputBox("请输入整数 b: "))
    compare a,b
```

```
End Sub

Private Sub compare(x%,y%)
      Dim t As Integer
      If x>y Then
        t=x
      Else
        t=y
      End If
      MsgBox"两数中较大的数为："& t
End Sub
```

【相关知识】

1. 过程介绍

Visual Basic 应用程序是由各个过程组成的,如前面各章节学习过的事件驱动过程,当发生某个事件时,要对该事件做出响应。事件驱动过程是程序的主框架,除此之外,为完成一些复杂的功能,可以将程序分割成一些较小的、完成一定任务的、相对独立的程序段,每个这样的程序段可以定义为一个过程。使用过程可以使复杂的问题简化为若干简单的子问题,更重要的是可以实现代码的复用,即把某些功能相同或相近的子问题单独提取出来,组成程序的基本单元,由其他程序重复调用。这样做的好处是显而易见的:减小重复劳动,简化程序设计任务,易于调试,减少代码出错率。

在 Visual Basic 中,除了系统提供的内部函数过程和事件过程之外,用户还可以根据需要自定义过程。根据自定义过程的性质,分为以下 4 类:

(1) 以关键字 Sub 开头的子过程,不返回值;

(2) 以关键字 Function 开头的函数过程,返回一个函数值;

(3) 以关键字 Property 开头的属性过程,返回并指定值,以及设置对象引用;

(4) 以关键字 Event 开头的事件过程。

本书仅对 Sub 过程和函数过程进行介绍。

2. Sub 过程

在 Visual Basic 中,有两类 Sub 过程:事件过程和自定义过程(通用过程)。

由事件过程的定义和使用来看,事件过程也是 Sub 过程,但它不能由用户自己定义,而是系统指定的一种特殊的 Sub 过程。此前我们对事件过程已经比较熟悉,所以本节主要介绍自定义过程。

前面介绍过,为减少不必要的重复代码段编写,对于功能相同或类似的程序段,可以采用自己定义的自定义过程来实现。自定义过程只有在被调用时才能发挥作用,它一般由事件过程来调用。

(1) 自定义过程的定义。自定义过程的结构与事件过程类似。一般格式如下:

```
[Public|Private][Static]Sub 过程名([形式参数列表])
```

```
        语句块
        [Exit Sub]
        [语句块]
End Sub
```

说明：

① 自定义过程与事件过程一样，以关键字 Sub 开头，以 End Sub 结束。在 Sub 和 End Sub 之间是描述过程操作的语句块，称为"子过程体"或"过程体"。

② 可选项[Public | Private][Static]。Public 表示自定义过程是公有过程，Private 表示自定义过程是私有过程，Static 指定过程中的局部变量为静态变量。它们的意义及作用将在 4.4 节详细讨论。

③ 过程名。是一个长度不超过 255 个字符的标识符。在同一个模块中，过程名必须唯一。过程名不返回值，而是通过实参与形参的传递得到结果，调用时可返回多个值。

④ 形式参数列表。简称"形参"，它指明了调用时传送给过程的参数的类型和个数。定义时是无值的，只有在过程被调用时，虚实结合后才能获得相应的值。过程可以无形式参数，但括号不能省略。

参数的格式如下：

```
[ByVal|ByRef]变量名[()][As 数据类型][,…]
```

其中，"变量名"可以是变量或数组名，若是数组名，则要在数组名后加上一对圆括号。"数据类型"指变量类型，可以使用类型符，若省略，则默认为 Variant。"变量名"前面的 ByVal 和 ByRef 是可选的，如果加上 ByVal，表明当该过程被调用时，参数是按值传递的；默认或 ByRef 表明该过程被调用时，参数是按地址传递的。

⑤ Exit Sub。表示退出自定义过程。常常与选择结构(If 或 Select Case 语句)联用，表示满足一定条件时，退出自定义过程。

⑥ 自定义过程不能嵌套定义。即在 Sub 过程内，不能定义 Sub 过程或函数过程，但可以嵌套调用。

(2) 自定义过程的建立。自定义过程可以在窗体模块中建立也可以在标准模块中建立。可以在窗体的"代码窗口"或标准模块的"代码窗口"直接按定义形式输入；也可使用下述方法建立：

① 选择"工具"|"添加过程"菜单项，打开"添加过程"对话框，如图 4-3 所示。

② 在"名称"框内输入要建立的过程名。

③ 在"类型"框内选择要建立的过程的类型，在此选择"子程序"；如果要建立函数过程，则应选择"函数"。

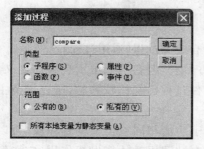

图 4-3 "添加过程"对话框

④ 在"范围"栏内选择过程的适用范围，可以选择"公有的"或"私有的"。如果选择"公有的"，则所建立的过程可在本工程内的所有模块中调用；如果选择"私有的"，则所建立的过程只能用于本模块。

⑤ 单击"确定"按钮后,代码窗口自然出现完整的过程框架,我们仅需向框架中添加代码即可。

(3) 自定义过程的调用。自定义过程建立好以后,只有对其调用才能被执行。程序执行到调用子程序的语句,系统就会将控制权交给被调用子程序。在被调用的子程序中,从第一条 Sub 语句开始依次执行其中的语句,直至执行到 End Sub 语句,返回到主程序调用语句处继续执行。

自定义过程的调用有两种方式,格式分别是:

```
过程名[实际参数列表]
Call 过程名([实际参数列表])
```

说明:

① "过程名"是被调用过程的名字。第一种方式不使用关键字 Call,直接把过程名作为一个语句来使用;第二种方式执行 Call 语句,调用自定义过程。

② "实际参数列表"又称"实参列表",是要传递给通用过程的变量、常数或表达式。实参的个数、类型和顺序要与被调用过程的形参相匹配。有多个参数时,各个参数之间要以逗号分隔。使用过程名调用时必须省略参数两边的括号。使用 Call 语句调用时,除非没有参数可以省略括号外,参数必须在括号内。

例如,调用上面定义的 compare 自定义过程的形式可以为:

```
compare a,b
Call compare(a,b)
```

根据过程的调用关系来分,如果过程 A 执行中调用过程 B,则将过程 A 称为主调过程,过程 B 称为被调过程。但主调过程与被调过程的区分并不是绝对的,一般来说,一个过程既可作主调过程也可作被调过程,即主调过程与被调过程是相对的。

案例 4-2　使用函数过程比较两数大小

【案例效果】

同上节案例 4-1 类似,单击窗体弹出提示框输入两个要比较的数,并以消息框显示出其中较大的数,但要求程序使用函数过程。

通过本案例的学习,可以掌握函数过程的定义和调用方法等基本知识。

【设计过程】

本程序除窗体外不需另外使用其他控件,在窗体的单击事件中编写如下代码:

```
Private Sub Form_Click()
    Dim a As Integer,b As Integer
    a=Val(InputBox("请输入整数 a: "))
```

```
        b=Val(InputBox("请输入整数 b: "))
        MsgBox"两数中较大的数为: "& compare(a,b)
End Sub

Private Function compare(x%,y%)
    Dim t As Integer
    If x>y Then
     t=x
    Else
     t=y
    End If
    compare=t
End Function
```

【相关知识】

Visual Basic 将一些常用的功能作为内部函数提供给用户使用。用户只要用内部函数和相应的自变量,便可以得到相应的结果。使用内部函数,省去了用户编写常用程序的精力和时间,极大方便了用户。而除了系统提供的内部函数以外,在实际使用中,用户也常常会碰到需要多次重复使用的功能或算法,此时,可以根据需要定义外部函数重复进行调用。

1. 函数过程的定义

外部函数是用户根据需要用 Function 关键字定义的函数过程,和 Sub 过程一样,函数过程也是用来完成一个特定任务的独立代码段。但与 Sub 过程不同的是,函数过程返回一个值到调用的表达式。

函数过程的定义格式:

```
[Public|Private][Static]Function 函数过程名([形式参数列表])(As 类型)
    语句块
    函数过程名=返回值
    [Exit Function]
    [语句块]
    [函数过程名=返回值]
End Function
```

说明:

(1) 函数过程以关键字 Function 开头,以 End Function 结束。两者之间的语句块称为"函数体"。

(2) 可选项[Public | Private][Static]的含义、函数名的命名规则以及形式参数列表的定义和 Sub 过程完全相同。

(3) "As 类型":是指函数过程返回的函数值的数据类型。如果省略,则函数返回 Variant 类型值。

(4) 函数体内通过"函数名＝表达式"给函数名赋值。在程序中,函数名可以当变量使用,函数的返回值就是通过函数名的赋值语句来实现的,因此在函数过程中至少要对函数名赋值一次。如果省略"函数名=表达式",则该过程返回一个默认值,数值函数返回0,字符串函数返回空字符串。

(5) Exit Function:表示退出函数过程,与 Exit Sub 的使用方法相同。

(6) 在函数过程中不能嵌套定义 Sub 过程和函数过程,但可以嵌套调用。

2. 函数过程的建立

函数过程可以在窗体模块中建立也可以在标准模块中建立。可以在窗体的"代码窗口"或标准模块的"代码窗口"的通用声明段中直接输入函数过程代码;也可使用下述方法建立:

(1) 选择"工具"|"添加过程"菜单项,打开"添加过程"对话框,如图 4-4 所示。

(2) 在"名称"框内输入要建立的函数过程名。

(3) 在"类型"框内选择要建立的过程的类型,在此选择"函数"。

(4) 在"范围"栏内选择过程的适用范围,可以选择"公有的"或"私有的"。含义与建立 Sub 过程相同。

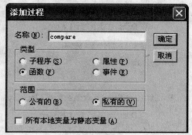

图 4-4 添加函数过程

(5) 单击"确定"按钮后,代码窗口自然出现完整的函数过程框架,仅需向框架中添加代码即可。

3. 函数过程的调用

函数过程的调用和内部函数相同,格式如下:

函数过程名(实际参数列表)

其中,实际参数列表:简称"实参列表"。实参可以是常量、变量和表达式。调用时,实参和形参的数据类型、顺序和个数必须匹配。

与内部函数一样,函数过程不能作为单独的语句使用。函数调用只能出现在表达式中,其功能是求得函数的返回值。

案例 4-3 交换两个变量的值

【案例效果】

分别用"传值"和"传地址"方式交换两变量 a、b 的子过程 exchange1 和 exchange2,在窗体的单击事件中分别调用两个子过程,并在窗体上显示交换后的值,如图 4-5 所示。

通过本案例的学习,可以掌握参数按值和按地址传递的含义和区别。

【设计过程】

新建一个"标准 EXE"工程,在窗体的单击事件中编写如下代码:

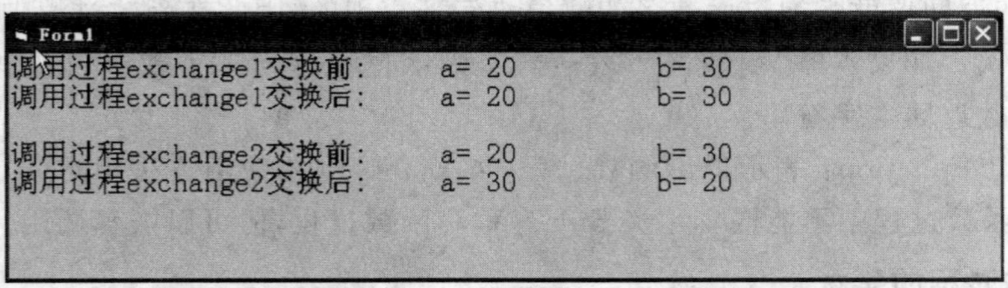

图 4-5 "按值"和"按地址"传递交换两个变量的值

```
Private Sub exchange1(ByVal x%,ByVal y%)          '形式参数定义为按值传递方式
    Dim t As Integer
    t=x:x=y:y=t
End Sub

Private Sub exchange2(x%,y%)                       '形式参数定义为按地址传递方式
    Dim t As Integer
    t=x:x=y:y=t
End Sub


Private Sub Form_Click()
    Dim a As Integer,b As Integer
    a=Val(InputBox("输入 a: "))
    b=Val(InputBox("输入 b: "))
    Print"调用过程 exchange1 交换前: ","a=";a,"b=";b
    exchange1 a,b                                 '调用过程 exchange1
    Print"调用过程 exchange1 交换后: ","a=";a,"b=";b
    Print
    Print"调用过程 exchange2 交换前: ","a=";a,"b=";b
    exchange2 a,b                                 '调用过程 exchange2
    Print"调用过程 exchange2 交换后: ","a=";a,"b=";b
End Sub
```

【相关知识】

在调用函数过程和子过程时,主调程序必须把实际参数传递给被调过程,实现实参和形参的结合,然后用实参执行调用的过程。参数的传递有两种方式:按值传递和按地址传递。在形参前加关键字"ByVal"的是按值传递,默认或加关键字"ByRef"的是按地址传递。

1. 按值传递

在调用过程时,按值传递是将实参的值复制给过程的形参。在此情况下,系统给传递的形参分配一个临时内存单元(系统中称为堆栈),将实参的值传递到这个临时单元中。

在被调用过程中访问的只是临时单元的地址,而没有访问实参的原始地址,即如果被调用过程改变了形参变量的值,不会影响到实参变量本身。当被调用过程结束时,系统将释放形参的临时单元。因此按值传递是单向传递。

2. 按地址传递

在调用过程时,按地址传递实际上是形参变量引用实参变量的地址,也就是说,形参变量和实参变量共用内存的同一存储单元。这样,在被调用过程中形参变量的值发生变化时,实参变量的值也同时被改变。因此,按地址传递是双向传递。利用这一点可以通过传地址的形参向实参返回数据。

3. 数组作过程的参数

Visual Basic 允许把数组作为形参,传递方式只能是按地址传递。数组作为参数传递时,应注意以下几点:

(1) 因为过程被调用时无法预知数组的长度,为了把一个数组的全部元素传递给一个过程,应将数组名分别写在形参列表中,必须略去数组的长度,但括号不能省。格式如下:

```
Private|Public Sub 过程名(数组名()As 数据类型)
    …
End Sub
```

(2) 调用时只给出实参数组的名称即可,不必包括数组的下标及括号。例如,定义了实参数组 a(1 to 10),要对其进行赋值,调用 Getdata 子过程的形式为:

```
Getdata a()
```

或

```
Call Getdata(a())
```

(3) 在被调用过程中,在对形参操作之前,可通过 Lbound 和 Ubound 函数确定所接收实参数组的上下界,这样可防止对数组越界操作。例如,在 Getdata 子过程中,形参数组 b()接收实参传递的数据,可进行如下操作:

```
Private Sub Getdata(b()As Integer)
…
m=Lbound(b)              '求数组的下界
n=Ubound(b)              '求数组的上界
…
End Sub
```

4. 过程间数据传递的其他几点说明

(1) 参数数据类型。在进行参数传递时,一般要求实参和形参的类型相同。例如按地址传递时,要求实参和形参类型必须相同,否则就会报错。但按值传递时,如遇两者类型不同时,系统则将实参数据类型转换为形参数据类型,再进行参数传递,如果类型不能转换,则会报错。

(2) 子过程和函数过程的使用。一般情况下,如果要求返回一个值,通常使用函数过程；如果是要完成一些操作或者返回多个值，则使用子过程。

（3）数据传递方式的特殊情况。一般情况下，数据的传递方式是以形参前加的关键字进行区分。但如果在调用过程中，实参是常量或表达式，则无论定义时采用的什么形式，都是按值传递方式将常量或表达式的值按值传递的方式传递给形参变量。在定义时是按地址传递的情况下，调用时想使用按值传递的方式，则可将实参变量加上括号，转换成表达式即可。

案例 4-4　输出全局和局部变量

【案例效果】

在窗体上建立 Command1 和 Command2 按钮，单击 Command1 在窗体输出全局变量的值，单击 Command2 按钮在窗体输出局部变量的值。效果如图 4-6 所示。

通过本案例的学习，可以掌握有关变量和过程作用域的知识。

【设计过程】

新建一个"标准 EXE"工程，在窗体上分别建立命令按钮控件 Command1 和 Command2，并编辑代码如下：

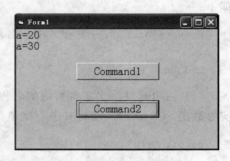

图 4-6　全局变量和局部变量

```vb
Public a As Integer                    '定义全局变量 a

Private Sub Form_Load()
    a=20                               '将全局变量 a 的值设置为 20
End Sub


Private Sub Command1_Click()
    Print"a="& a                       '输出全局变量 a 的值
End Sub
Private Sub Command2_Click()
    Dim a As Integer                   '定义局部变量 a
    a=30                               '将局部变量 a 的值设置为 30
    Print"a="& a                       '输出局部变量 a 的值
End Sub
```

【相关知识】

变量和过程的作用域就是变量和过程的有效范围，变量和过程只在其使用范围内有效。

1. 变量的作用域

变量的作用域决定了哪些过程能够访问该变量，Visual Basic 中的变量有 3 类作用域：即全局变量、模块/窗体变量和局部变量。

（1）全局变量。如果要使一个变量在 Visual Basic 工程中的每个功能模块中都能用到，就可以将其定义为全局变量。全局变量可以在窗体或模块的通用声明部分使用 Public 语句定义。如果全局变量是在模块中定义，则可在任何过程中直接访问。如果是在窗体中定义，则在其他窗体或模块中访问该变量时，需按照以下形式：

定义该变量的窗体名.变量名

（2）模块/窗体变量。如果一个变量在一个窗体或模块的各个过程中都能使用，则可以将该变量定义为窗体或模块级变量，即在窗体或模块的通用声明部分使用 Dim 或 Private 语句定义变量。模块/窗体级变量不能被其他窗体或模块使用。

（3）局部变量。在过程内部定义的变量称为局部变量，只能在本过程内使用。过程的形参也可以看做该过程的局部变量。

虽然全局和模块/窗体变量可以在不同过程间共享数据，在需要时能够方便编程。但使用这两种变量也会给程序运行带来极大风险。因为，如果在一个过程中改变了变量的值，则当其他过程再访问该变量时，将会使用改变的值，而这种改变有时是不希望进行的。

因此，除特殊情况外，应尽量少用全局和模块/窗体变量，在尽量避免变量名冲突的情况下，多用局部变量，从而把变量的作用域变小，便于程序调试。

（4）变量同名问题的几点说明。

① 如果局部变量与全局变量同名，则在定义局部变量的过程中优先访问局部变量，如果要访问同名的全局变量则应在全局变量名前加上全局变量所在窗体或模块的名字。例如，本节案例代码里，Command1_Click()事件过程中使用的是全局变量；而 Command2_Click()事件过程中的局部变量 a 和全局变量重名，则优先使用局部变量。

② 如果局部变量与同一窗体或模块中定义的模块/窗体变量重名，则在该过程内部优先访问局部变量。

③ 不同过程内的局部变量可以同名，不同窗体或模块间的模块/窗体变量可以同名，因为它们的作用域不同；不同窗体或模块间的全局变量也可以同名，但在使用这些变量时应加上定义该变量的窗体或模块名。

不同作用域变量使用的有关规则如表 4-1 所示。

2. 变量的生存期

如果说变量的作用域是考虑变量可以在哪些过程中使用的问题，那么变量的生存期则是要考虑变量的有效使用时间的问题。

（1）动态变量。前面介绍，在过程中用 Dim 语句定义的局部变量称为动态变量。当程序运行进入动态变量所在的过程时，才会为该变量分配内存单元。当退出过程时，系统

表 4-1 不同作用域变量使用的有关规则

定义位置	全 局 变 量		模块/窗体变量		局 部 变 量	
	窗体	标准模块	窗体	标准模块	窗体	标准模块
定义方式	变量前加 Public		变量前加 Dim 或 Private		变量前加 Dim 或 Static	
声明位置	窗体/模块的"通用声明"段		窗体/模块的"通用声明"段		过程中	
能否被本模块的其他过程使用	能		能		不能	
能否被其他模块的过程使用	能,但要在变量名前加窗体名	能	不能		不能	

释放变量所占的内存单元,其值消失。当再次进入该过程时,所有的动态变量都将重新初始化。因此,动态变量只有在所在过程被调用时才有效。

(2) 静态变量。相对于动态变量,窗体/模块级变量和全局变量在整个程序运行期间都可以被其作用域内的过程访问,因此,它们的生存期就是程序的运行期。

此外,有时用户希望程序进入局部变量所在的过程,经过运行并退出该过程时,其值仍然被保留,即变量所占的内存单元不被释放。当下一次再调用该过程时,原来的变量值可以继续使用。这种变量称为静态变量,在过程中使用 Static 语句定义。但需要注意的是,静态变量实质上仍是局部变量,只能被本过程使用。例如,用于统计单击窗体的次数,有下面的代码:

```
Private Sub Form_Click()
    Static i As Integer
    i=i+1
    Print"这是第";i;"次单击窗体"
End Sub
```

运行结果如图 4-7 所示,程序中使用静态变量 i 统计单击窗体的次数,每次单击窗体时保留上次单体窗体事件时的值;如果将变量 i 变为动态变量,即使用语句 Dim i As Integer,则运行结果如图 4-8 所示,每次执行过程时变量 i 都要重新初始化,无法统计窗体的单击次数。

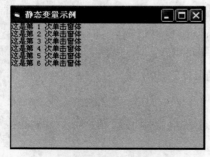

图 4-7 使用静态变量

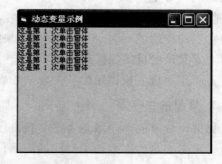

图 4-8 使用动态变量

3. 过程的作用域

在函数过程和 Sub 过程的定义中,在函数过程和 Sub 过程的声明语句前加关键字 Public 或 Private,用来指明函数过程和 Sub 过程可以被调用的范围,该范围就是函数过程或 Sub 过程的作用域。

(1) Visual Basic 工程的组成。在介绍过程的作用域前应先介绍下 Visual Basic 应用程序的组成,一个 Visual Basic 工程由若干个窗体模块,标准模块和类模块文件组成,如图 4-9 所示。

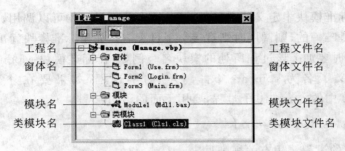

图 4-9　Visual Basic 工程的组成

① 窗体模块。窗体模块的文件扩展名为.frm,它是大多数 Visual Basic 应用程序的基础。窗体模块包含事件过程、通用过程以及变量、常量、自定义类型和外部过程等内容的窗体级声明。写入窗体的代码是该窗体所属的专用应用程序;也可以引用该应用程序内的其他窗体或对象。用户可以选择"工程"|"添加窗体"菜单项,为工程添加多个窗体,每个窗体都有一个相应的窗体模块。要注意的是,窗体文件名和窗体名指的是不同的两个概念。

② 标准模块。标准模块的文件扩展名为.bas,它是应用程序其他模块访问的过程和声明的容器。标准模块包含用户编写的子过程、函数过程和一些变量、常量、自定义类型等内容的全局声明或模块级声明。写入标准模块的代码不必绑定在特定的应用程序上,可独立于该工程的任何窗体之外,并能被它们所调用。用户可以选择"工程"|"添加模块"菜单项,为工作新建或添加已有的模块文件。一般将常用的子过程、函数过程等写在模块文件中。

③ 类模块。类模块的文件扩展名为.cls,它是面向对象编程的基础。用户可以在类模块中编写代码建立新对象。这些新对象可以包含自定义的属性和方法。实际来说,窗体就是一种类模块,可在其上放置控件、显示窗体窗口等。给工程添加类模块的方法与添加标准模块相同。

(2) 过程作用域。过程的作用域分为:窗体/模块级和全局级。

① 窗体/模块级过程。在窗体或标准模块内定义的,只能被本窗体或本标准模块中的过程调用的函数过程或子过程称为窗体/模块级过程。定义窗体/模块级过程时,在其声明语句(Sub 语句或 Function 语句)前加上关键字 Private。

② 全局级过程。在窗体或标准模块内定义的,可供应用程序的所有窗体和所有标准模块的过程调用的函数过程或子过程称为全局级过程。定义全局过程时,在其声明语句

(Sub 语句或 Function 语句)前加上关键字 Public(或默认)。根据过程定义所在的位置不同,调用方式也不相同:

- 对于在窗体中定义的全局级过程,本窗体之外的其他过程(外部过程)要调用时,必须在被调用的过程名前加上该过程所处的窗体名。例如,在窗体模块 Form1 中定义了 Public Sub compare(x%,y%)子过程,外部过程使用下面的语句调用该过程:

```
Call Form1.compare(a,b)
```

- 对于在标准模块中定义的全局级过程,所有外部过程均可以调用。如果过程名在工程中是唯一的,则调用时则直接引用过程名。如果标准模块间出现过程名同名时,调用时要加上该过程所处的模块名。例如,在标准模块 Module1 和 Module2 中都定义了名为 compare(x%,y%)的子过程,如果要在外部过程中调用 Module2 中的 compare 子过程,要用下面的语句:

```
Call Module2.compare(a,b)
```

不同作用域的过程调用有关规则见表 4-2。

表 4-2　不同作用域的过程调用有关规则

定义位置	窗体/模块级过程		全局级过程	
	窗体	标准模块	窗体	标准模块
定义方式	过程名前加 Private		过程名前加 Public 或默认	
能否被本模块其他过程调用	能		能	
能否被本工程其他模块调用	不能		能,但必须在过程名前加窗体名	能,过程名唯一,直接引用;过程名不唯一,必须在过程名前加标准模块名

案例 4-5　编程计算 $n!$

【案例效果】

编写代码计算 $n!$。由数学知识可知,阶乘的递归定义可用下式来表示:

$$n! = \begin{cases} 1 & n = 0 \\ n \times (n-1)! & n > 0 \end{cases}$$

因为 $n! = n \times (n-1)!$,问题转变为求 $(n-1)!$ 的子问题。按照这个思路一直递推到 $n=0$。当 $n=0$ 时,得到结果 1。再从 $0! = 1, 1! = 1 \times 0! = 1, 2! = 2 \times 1! = 2, \cdots$ 一步步回归,最终得到 $n!$ 的结果。

通过本案例的学习,可以掌握有关 Visual Basic 当中递归调用的知识。

【设计过程】

求 n 的阶乘，可以转化为求 $n(n-1)!$，可以编写递归函数过程如下，并以窗体的单体事件进行调用。

```
Private Function fac(ByVal n As Integer) As Double
    If n=0 Then
        fac=1
    Else
        fac=n * fac(n-1)
    End If
End Function

Private Sub Form_Click()
    Dim m As Integer
    m=InputBox("请输入一个正整数")
    Print m;"! =";fac(m)
End Sub
```

例如，运行程序，从键盘输入 4，得到 4! ＝24。

【相关知识】

递归是过程自身调用自身的一种机制。Visual Basic 中的递归分为两种类型：一种是直接递归，即在过程中调用本身；另一种是间接递归，即过程间接地调用自身。比如第一个过程调用了第二个过程，而第二个过程又去调用第一个过程。

递归分为递推和回归两个过程。如图 4-10 所示。

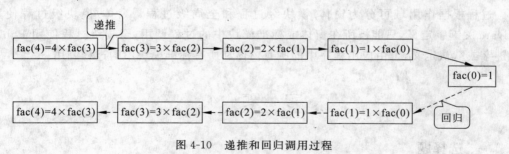

图 4-10　递推和回归调用过程

第 1 个过程：递推过程，将问题不断分解为新的子问题，子问题又归纳为原问题的求解过程，最终达到已知条件，递推结束。

第 2 个过程：回归过程。将递推过程还原，回归递推结果。

递归算法设计简单，适合于一些无法直接求解的问题（如 Hanoi 塔问题，但解决同一问题，使用递归算法占用的内存空间和消耗的时间要比使用非递归算法大。递归求解有两个条件：

（1）递归终止的条件和相应的状态。本节案例终止的条件是 $n=0$。

（2）能够给出递归的表达形式，并且这种表述可以向终止条件发展，在有限的步骤内达到终止条件。

本 章 小 结

本章主要介绍了 Visual Basic 中的两类过程—自定义子过程和函数过程，两者最主要的区别是前者没有返回值，后者返回一个函数值。在程序设计中，为完成一些复杂的功能，通常可以把程序分成若干个相对独立的功能模块，每个模块就可以定义为一个过程。过程是应用程序的基本单元，通常完成某个特定的功能。

在调用一个过程时，必须把实参传递给过程中的形参，完成实参与形参的结合。在 Visual Basic 中，可以通过两种方式传送参数，即值传递和地址传递。采用值传递时，系统把需要传递的变量复制到一个临时存储单元中，然后把该临时单元的地址传递给被调用的过程，所以形参的变化不会改变原来实参的值，因此值传递是单向的。采用地址传递时，由于形参和实参使用的是同一个存储单元，所以如果在过程中修改了形参的值，就会直接体现在实参上，即地址传递是双向的。

变量和过程的作用域是指变量和过程的有效范围，变量和过程只在其使用范围内有效。

变量根据作用域分为局部变量、窗体/模块级变量和全局级变量。局部变量在窗体和标准模块的过程中用 Dim 或 static 关键字声明；窗体/模块级变量在窗体和标准模块的"通用"声明段用 Dim 或 Private 关键字声明；全局变量在窗体模块或标准模块的"通用"声明段用 Public 关键字声明。相对于动态变量每次过程调用时其值都要被重新初始化，静态变量在本次过程调用时仍保留上次调用结束后的值，即其占用的内存单元未释放，静态变量实质上仍是局部变量，在过程内部用 Static 关键字声明静态变量。

过程根据作用域可分为窗体/模块级过程和全局级过程。窗体/模块级过程使用 Private 关键字定义，只能被所在窗体或标准模块中的过程调用；全局级过程使用 Public 关键字或默认定义，可由应用程序中的所有窗体和所有标准模块中的过程调用。

习 题 4

一、选择题

1. 要使过程调用结束后返回两个结果，下面的过程语句使用正确的是_____。

   A. Sub Proc(ByVal n,ByVal m)　　　　　B. Sub Proc (n,ByVal m)

   C. Sub Proc(n,m)　　　　　　　　　　　D. Sub Proc((n),m)

2. Sub 过程和函数过程最根本的区别是_____。

   A. Sub 过程可以使用 Call 语句或直接使用过程名调用，而函数过程不可以

   B. 函数过程可以有参数，而 Sub 过程不可以

    C. 两种过程参数的传递方式不同

    D. Sub 过程的过程名不能返回值,而函数过程能返回值

3. 要想从子过程调用后返回两个结果,则子过程语句的说明方式是_____。

    A. Sub fun1(ByVal n%,ByVal m%)   B. Sub fun1(n%,ByVal m%)

    C. Sub fun1(n%,m%)   D. Sub fun1(ByVal n%,m%)

4. 以下有关数组作为形参的说明中错误的是_____。

    A. 在过程中也可用 Dim 语句对形参数组进行说明

    B. 使用动态数组时,可用 ReDim 语句改变形参数组的维界

    C. 调用过程时,只需把要传递的数组名填入实参表

    D. 形参数组只能按地址传递

5. 下列程序段运行后,单击窗体时显示的结果是_____。

```
Public Sub fun1(ByVal x As Integer,y As Integer)
    x=y+x
    y=x Mod y
End Sub
  Private Sub Form_Click()
    Dim a As Integer,b As Integer
    a=11:b=22
    Call fun1(a,b)
    Print a;b
End Sub
```

    A. 33 11   B. 11 11   C. 11 22   D. 22 11

二、程序填空题

1. 计算 1! +2! +3! +…+10! 的值。

```
Private_____ proc (ByVal n As Integer)
    Dim fac as long,I As Integer
    fac=1
    For i=1 to_____
      fac=fac * i
    Next i
    proc=_____
End Sub
Private_____ Command1_Click()
    Dim i As Integer,sum As long
    sum=0
    For i=1 to_____
      sum=sum+_____
    Next i
End Sub
```

2. 当两质数相差为 2 时称该两质数为质数对,以下程序是要找出 100 以内的所有质数对,并显示结果。

```
Public Function find(x As Integer) As Boolean
  Dim i As Integer
  _____
  For i =2 to int(sqr(x))
    If _____ then find=False
  Next i
End Function
Private Sub Command1_Click()
  Dim i As Integer,s1 As Boolean,s2 As Boolean
  s1=find(3)
  For i=5 to 100 step 2
    s2=find(i)
    If _____ then print i-2,i
    s1=find(i)
  Next i
End Sub
```

三、程序阅读题

1. 下列程序运行时单击窗体,在窗体上的输出结果是什么?

```
Dim a As Integer,b As Integer,c As Integer
Private Sub form_Click()
    a=10:b=20:c=30
    Call fun1(a,b,c)
    Print a,b,c
End Sub
Private Sub fun1(Byval a As Integer,Byval b As Integer,c As Integer)
    a=a+b
    b=b-c
    c=c+a
End Sub
```

2. 下列程序运行时单击命令按钮 Command1,在窗体上的输出结果是什么?

```
Public Sub fun1(x() As Integer)
    Static i As Integer
    Do
      x(i)=x(i)+x(i+1)
      i=i+1
    Loop While i<2
End Sub
```

```
Private Sub Command1_Click()
Dim i%,a(10) As Integer
      For i=0 To 4
        a(i)=i+1
      Next i
      Call fun1(a)
      Call fun1(a)
      For i=0 To 4
        Print a(i);
      Next i
End Sub
```

3. 分析下列程序的运行结果。

```
Public Function fun1(a As Integer,b As Integer)
      Do While a<>b
        Do While a>b
        a=a-b
        Loop
        Do While b>a
        b=b-a
        Loop
      Loop
      fun1=a
End Function
Private Sub Command1_Click()
      Print fun1(36,24)
End Sub
```

四、编程题

1. 已知自然对数的底数 e 用级数表示为：$e=1+\dfrac{1}{1!}+\dfrac{1}{2!}+\dfrac{1}{3!}+\cdots+\dfrac{1}{n!}+\cdots$，要求：利用该式求 e，忽略绝对值小于 10^{-8} 的项。

2. 设计一个计算阶乘的过程，调用该过程计算组合公式 $C=n!/(m!(n-m)!)$ 的值，其中 $n\geqslant m\geqslant 0$。数值 m 和 n 的值分别用对话框输入，要求对输入数据进行判断以确定合乎要求，并输出结果。

3. 编一个函数过程，求出 1000 之内的所有完数。所谓"完数"是指一个数恰好等于它的因子之和。如 $6=1+2+3$，6 就是完数。

4. 编写一子过程 Insertdata(x() As Integer,y As Integer)，实现将 y 值插入到升序数组 x 中，并使插入后的数组 x 仍然有序。

5. 已知一个升序数组，编写两个过程，分别使用顺序查找法和二分查找法查找给定的数 x，并显示其数组下标。

五、上机题

1. 编写过程，计算下列级数的值：

$$s(x) = 1 - \frac{x}{1!} + \frac{x^2}{2!} - \frac{x^3}{3!} + \cdots + (-1)^n \frac{x^n}{n!} + \cdots$$

在事件过程中调用该过程，忽略绝对值小于 10^{-8} 的项，计算当 x 分别为 $0.1, 1, 2, 4$ 时的级数值。

2. 设计一个函数过程，找出 $1 \sim 100$ 之间所有的孪生素数，并成对显示输出。所谓"孪生素数"，就是值相差为 2 的两个素数。

3. 随机产生若干个 $10 \sim 50$ 之间的随机整数，存放到数组中并以每行 10 个元素显示；将数组中相同的数删除，只保留一个，并显示结果；将剩下的整数以升序排列并显示结果。要求分别编写子过程 Getdata、Deldata 和 Orderdata 完成上述操作。

第 5 章　窗体与控件

本章要点：

本章介绍 Visual Basic 程序设计中的一些基本概念，窗体的基本设置方法以及常用系统控件的使用方法，知识要点包括：

(1) Visual Basic 程序设计中对象、类等基本概念；

(2) 窗体的属性、方法和事件的设置方法；

(3) 在窗体对象上创建和布局控件的常见方法；

(4) 常用控件的属性、方法和事件的设置方法；

(5) 鼠标、键盘事件过程的应用技巧。

案例 5-1　设置窗体的属性、方法和事件

【案例效果】

设计程序，程序运行时首先启动如图 5-1 所示的窗体，单击窗体上的"设置窗体标题"按钮，在弹出的如图 5-2 所示的输入框中输入新的窗体标题名称，然后单击数据输入框的"确定"按钮，窗体的标题名称将会被设置为输入的新标题名称；单击窗体上的"隐藏/显示按钮"按钮来设置该按钮隐藏或显示，如图 5-3 所示；单击窗体上的"打印输出字符"按钮，程序将在窗体上输出一组数据，如图 5-4 所示。

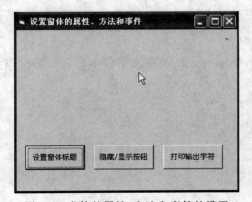

图 5-1　窗体的属性、方法和事件的设置

图 5-2　输入新的窗体标题

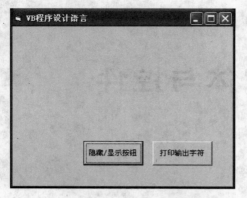

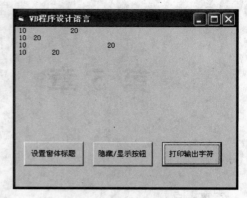

图 5-3　设置 Visible 属性来隐藏按钮　　　图 5-4　使用 Print 方法打印输出字符

通过本案例的学习,主要掌握窗体的常用属性、方法和事件的含义及使用等知识。

【设计过程】

1. 界面设计

(1) 启动 Visual Basic 6.0,在"新建工程"窗口选择新建一个"标准 EXE"工程,单击"打开"按钮自动出现一个新窗体。

(2) 单击工具箱的命令按钮(CommandButton)控件,然后在窗体上绘制出 3 个命令按钮控件对象,如图 5-1 所示。

2. 属性设置

在属性窗口里进行属性设置,如表 5-1 所示。

表 5-1　属性设置表

对　　象	属性名	属 性 值
Form1	Caption	"设置窗体的属性、方法和事件"
Command1	Caption	"设置窗体标题"
Command2	Caption	"隐藏/显示按钮"
Command3	Caption	"打印输出字符"

3. 代码设计

打开代码编辑器,在命令按钮 Command1~Command3 的单击事件中写入如下代码:

```
Private Sub Command1_Click()
  Dim bt As String
  bt=InputBox("请输人新的窗体标题!")
  Form1.Caption=bt
End Sub
Private Sub Command2_Click()
  If Command1.Visible=False Then
    Command1.Visible=True
```

```
    Else
      Command1.Visible=False
    End If
End Sub
Private Sub Command3_Click()
  Dim a As Integer,b As Integer
  a=10: b=20
  Print a,b
  Print a;b
  Print a;Spc(20);b          '输出变量 a 的数值后,插入 20 个空格再输出变量 b 的数值
  Print a;Tab(10);b          '从第 10 列开始输出变量 b 的数值
End Sub
```

【相关知识】

1. 对象与类

对象是人们要进行研究的任何事物,从最简单的整数到复杂的飞机等均可看做对象,它不仅能表示具体的事物,还能表示抽象的规则、计划或事件。

每个对象都有自身唯一的标识,通过这种标识,可找到相应的对象。在对象的整个生命期中,它的标识都不改变,不同的对象不能有相同的标识。

在面向对象的程序设计中,对象是系统中的基本运行实体,在 Visual Basic 中运行的窗体、命令按钮和文本框等控件就是对象。对象是由代码和数据组合而成的封装体,可以作为一个整体来处理,即对象是数据和代码的集合。

具有相同或相似性质的对象的抽象就是类。类是创建对象实例的模板,是同种对象的集合与抽象,它包含所创建对象的属性描述和行为特征的定义。类含有属性和方法,它封装了用于类的全部信息。因此,对象的抽象是类,类的具体化就是对象,也可以说类的实例就是对象。

在程序开发过程中,创建控件对象的过程就是类的实例化过程。例如,Visual Basic 控件工具箱中的控件图标我们就可以看做是 Visual Basic 系统设计好的标准控件类。当从工具箱中单击命令按钮控件图标,然后在窗体上绘制一个命令按钮控件对象,它将自动继承命令按钮类的通用的特征的功能(属性、方法和事件)。

2. 属性、方法、事件

(1) 属性。属性(Property)是对象的性质,每一种对象都有其属性,不同的对象有不同的属性,属性值决定了对象的外观和行为。例如窗体的 Caption 属性决定窗体标题栏中显示的内容,Top 和 left 属性决定窗体的位置。

控件对象属性的设置一般有两种方法。

① 在设计阶段,可以在属性窗口中,选择相应对象的属性进行设置。常见的属性设置方法有:直接在属性名称右列中输入新的属性值;如果属性值固定,可以直接通过单击下拉列表进行选择;也可以通过对话框进行属性的设置。

② 在程序运行阶段,可以在代码窗口中通过编程设置,使用 Visual Basic 的赋值语句对属性值进行设置、修改。属性赋值使用格式如下:

```
对象名.属性名=属性值
```

例如,当需要给文本框 Text1 的 Text 属性赋值为字符串"Hello!"时,可以使用如下代码:

```
Text1.Text="Hello!"
```

如果用户需要在程序运行中获取控件对象的状态或取值,可以通过读取对象的属性值来实现,使用格式如下:

```
变量(或对象.属性)=对象.属性
```

例如,当需要获取文本框控件"Text1"中显示的字符,就可以通过读取控件的 Text 属性来实现,示例代码如下:

```
t=Text1.Text
```

同时,属性也可以作为表达式的一部分直接参与运算,而不需要先将属性值赋给变量。

(2) 方法。方法(Method)是对象所具有的动作或功能,是编写好的用于完成某种特定功能封装起来的通用的过程和函数。不同类型的对象拥有不同的方法集。方法只能在代码中使用,使用格式如下:

```
对象名.方法名[参数]
```

其中,对象名在调用方法时必须书写,只有在对象为窗体时才可省略。若省略对象名,则默认为当前窗体。例如:

```
Form1.Show              '显示窗体 Form1
```

如果调用的方法需要使用参数,则可以使用下面的格式调用对象的方法:

```
[对象名.]方法名 参数
```

调用过程中如果有多个参数,可以使用逗号分隔。

(3) 事件。事件(Event)是由用户或系统触发,是预先定义好的特定动作,可以由对象识别的操作。每个控件都可以对一个或多个事件进行识别和响应,例如控件的单击事件(Click)及双击事件(Dblclick)等。

事件过程是用来完成事件激发后所要执行的操作。例如,当用户单击命令按钮,就会产生一个命令按钮的单击操作,当这个操作被命令按钮对象识别、捕捉,就会触发命令按钮的单击事件,执行相应的事件过程。在 Visual Basic 中对事件产生响应,就是执行一段程序代码,所执行的这段程序代码就称为事件过程。事件过程的一般形式如下:

```
Sub 对象名_事件([参数列表])
    <事件过程代码>
```

```
End Sub
```

例如,当用户单击名为 Form1 窗体后,触发窗体的单击事件,所编写的事件过程如下:

```
Sub Form_Click()
    Form1.backcolor=VBRed          '将窗体的背景色设置为红色
End Sub
```

用户进行一个操作时,可能会被控件对象识别出多个事件,继而激发多个事件过程。例如,上面所举单击窗体操作,这个操作会激发 Click、MouseDown、MouseUp 这 3 个事件,可以根据编程需要,将实现功能的程序代码放入相应事件过程中,而不需要为每一个事件过程都编写代码。

在 Visual Basic 中,事件过程要经过事件触发才会被执行,程序开始执行后,会等待某个控件的事件发生,然后再去执行处理此事件的事件过程,这种程序运行模式就称为事件驱动程序设计(Event Driven Programming),整个应用程序的执行都是由事件来进行控制。

当 Visual Basic 处理完某一事件过程后,程序会进入等待状态,直到下一个事件发生为止。简单地说,Visual Basic 程序的执行步骤为:

① 等待事件的发生;

② 事件发生时,执行其对应的事件过程;

③ 重复步骤①。

如此周而复始地执行,直到程序结束。

3. 窗体

窗体对象是 Visual Basic 应用程序的基本构造模块,是运行应用程序时,与用户交互操作的实际窗口。窗体作为应用程序的界面,是所有控件对象的载体,是 Visual Basic 中最基本的控件容器。

(1) 属性。

① Name 属性。Name 属性设置窗体的名称,在代码中用这个名称引用该窗体。首次在工程中添加窗体时,该窗体的名称被默认为 Form1;添加第二个窗体,其名称被默认为 Form2,以此类推。

在同一个应用程序中,每一个控件对象都有自己的名称,不允许出现重名现象。

② Height、Width、Left 和 Top 属性。第一次加载窗体时,Height 和 Width 属性决定的窗体初始大小,分别表示窗体的高度和宽度。对于窗体来说,计算机屏幕就是窗体的控件容器,窗体在屏幕中的位置,则根据以屏幕左上角为坐标原点,以 Left 和 Top 属性值来确定如图 5-5 所示。这 4 个属性的默认单位都是

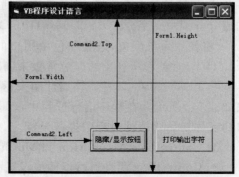

图 5-5　Height、Width、Left 和 Top 属性示意

Twip。Twip 也称为缇,一缇等于磅的 1/20,英寸的 1/1440。一般情况下:1 厘米＝8505 像素＝567 缇。

③ Caption 属性。Caption 属性决定在窗体对象的标题栏中所显示的文本。当窗体为最小化时,该文本将会显示在窗体图标的下面。

④ Font 属性组。

- FontName 属性。该属性用于返回或设置在控件中或在运行时画图或打印操作中,显示文本所用的字体,Visual Basic 中可用的字体取决于计算机系统中字体的配置、显示设备和打印设备。如果在程序运行过程中,如果通过代码设置计算机系统中不存在的字体时,应用程序将会出错。一般来说,用 FontSize、FontBold、FontItalic、FontStrikethru 和 FontUnderline 属性来设置大小和样式属性前,要先改变 FontName 属性。
- FontSize 属性。该属性用于返回或设置在控件中或在运行时画图或打印操作中,显示文本所用的字体的大小。
- FontBold、FontItalic、FontStrikethru、FontUnderline 属性。这 4 个属性的属性值均为逻辑类型,主要用来设置字体的样式,FontBold 用于设置字符是否为粗体、FontItalic 用于设置字符是否为斜体、FontStrikethru 用于设置字符是否有删除线、FontUnderline 用于设置字符是否有下划线。

Font 属性组的字体属性,除了可以在设计时用属性窗口设置,也可以在程序运行过程中时使用代码来格式化文本,改变字体属性后将会在屏幕上立刻生效。

⑤ BackColor 和 ForeColor 属性。BackColor 属性用来返回或设置窗体对象的背景颜色。ForeColor 属性用来返回或设置在窗体对象里显示图片和文本的前景颜色

常用的背景色设置方法为:

```
Form1.Backcolor=RGB(255,255,255)
```

或

```
Form1.Backcolor=VbBlack
```

标准 RGB 颜色的有效取值范围是 0～16 777 215(＆HFFFFFF)。该范围内数的高字节为 0;较低的 3 个字节,从最低字节到最高字节依次决定红、绿和蓝的量。红、绿和蓝的成分分别由一个介于 0～255(＆HFF)之间的数来表示。如果最高字节不为 0,Visual Basic 将使用系统颜色,这些颜色由用户的控制面板设置值和由对象浏览器中的 Visual Basic(VB)对象库所列出的颜色常数来确定。

⑥ BorderStyle 属性。该属性用来返回或设置窗体对象的边框样式,属性值具体含义如表 5-2 所示。在程序运行过程中该属性不能进行设置,只能在设计阶段通过属性窗口和窗体初始化事件过程中进行设置。

⑦ ControlBox、MaxButton 和 MinButton 属性。

- ControlBox 属性通过返回或设置一个逻辑值,来控制在运行时控制菜单框是否在窗体中显示。该属性在运行时为只读,只能在设计模式下来设置。

表 5-2　BorderStyle 属性值含义

系　统　常　量	数值	属性值含义
vbBSNone	0	无（没有边框或与边框相关的元素）
vbFixedSingle	1	固定单边框。可以包含控制菜单框、标题栏、"最大化"按钮和"最小化"按钮。只有使用最大化和最小化按钮才能改变大小
vbSizable	2	（默认值）可调整的边框。可以使用设置值 1 列出的任何可选边框元素重新改变尺寸
vbFixedDouble	3	固定对话框。可以包含控制菜单框和标题栏，不能包含最大化和最小化按钮，不能改变尺寸
vbFixedToolWindow	4	固定工具窗口。不能改变尺寸。显示关闭按钮并用缩小的字体显示标题栏
vbSizableToolWindow	5	可变尺寸工具窗口。可变大小。显示关闭按钮并用缩小的字体显示标题栏

- MaxButton 属性通过返回或设置一个逻辑值，来设置窗体上是否显示"最大化"按钮。
- MinButton 属性通过返回或设置一个逻辑值，来设置窗体上是否显示"最小化"按钮。

如果 ControlBox 属性值为 False，此时即使 MaxButton 和 MinButton 属性为 True，窗体也无法显示最大化、最小化按钮。同时，为了显示控制菜单框，还必须将窗体的 BorderStyle 属性值设置为非 0 的属性值。

⑧ Enabled 和 Visible 属性。Enabled 属性通过返回或设置一个逻辑值，来确定一个窗体或控件是否能够对用户产生的事件作出反应。

Visible 属性通过返回或设置一个逻辑值，来设置窗体对象或控件对象为可见或隐藏。

⑨ AutoRedraw 属性。AutoRedraw 属性主要控制 Form 对象或 PictureBox 控件是否进行自动重绘。

当使用 Circle、Line、Print 和 Pset 等方法在窗体上输出图形或字符时，当前窗体被其他窗体覆盖后，又恢复显示时，如果把 AutoRedraw 属性设置为 True，则窗体上原有输出显示的图形或字符将会重绘显示，如果该属性设置为 False，则这些图形或字符将不会显示在原有窗体上。

⑩ WindowState 属性。WindowState 属性用来返回或设置一个值，用来指定在运行时窗口的运行状态，具体属性值含义如表 5-3 所示。

表 5-3　WindowState 属性值含义

系　统　常　量	数值	属性值含义
vbNormal	0	正常状态，有窗口边界
VbMinimized	1	最小化状态，以图标形式在任务栏上运行
VbMaximized	2	最大化状态，以无边框状态充满整个屏幕

（2）方法。

① Print 方法。Print 方法可以在窗体显示输出文本字符串和表达式的值，方法的调用格式如下：

窗体名.Print [Spc(n)|Tab(n)] expression [charpos]

Spc(n)可选内部函数。用来在输出中插入空白字符，这里 n 为要插入的空白字符数，如图 5-4 中第 3 行输出情况所示，当输出变量 a 的数值后，插入 20 个空格再输出变量 b 的数值。

Tab(n)可选内部函数。用来将插入点定位在绝对列号上，这里 n 为列号。使用无参数的 Tab(n)将插入点定位在下一个打印区的起始位置，如图 5-4 中第 4 行输出情况所示，当输出变量 a 的数值后，从第 10 列开始输出变量 b 的数值。

Expression 为可选参数。要打印的数值表达式或字符串表达式。

Charpos 为可选参数。主要用于指定下个字符的插入点。当使用逗号（,）时，将插入点定位在下一个打印区（每个打印区占 14 列）的起始位置，如图 5-4 中第 1 行输出情况所示。当使用分号（;）时，将插入点定位在上一个被显示的字符之后，如图 5-4 中第 2 行输出情况所示。如果省略 charpos 参数，则在下一行打印输出下一字符。

如果该方法在调用时省略窗体名，则带有焦点的 Form 窗体就被认为是当前对象。

② Cls 方法。该方法主要用于清除 Form 对象或 PictureBox 对象在运行时所生成的图形和文本，方法的调用格式如下：

窗体名.Cls

Cls 方法只能清除运行时所产生的文本和图形，而设计时在 Form 中使用 Picture 属性设置的背景位图和放置的控件不受 Cls 方法的影响。

调用 Cls 方法之后，窗体对象的当前坐标 CurrentX 和 CurrentY 属性复位为 0。

③ Show 方法。Show 方法可以在屏幕上显示调用该方法的窗体对象，方法的调用格式如下：

窗体名.Show [0|1]

Show 方法后的参数 0 或 1 决定了窗体的运行状态。如果参数为 0（vbModeless），则窗体是以无模式窗体运行，在这种模式下用户可以从当前窗体随意切换到其他窗体，而不需要做出任何响应；如果参数为 1（vbModal），则窗体是以模式窗体运行，在这种模式下用户除了模式窗体中的对象之外不能进行输入（键盘或鼠标单击）。如果需要从当前窗体切换到其他窗体进行输入时，必须对当前窗体做出响应，比如关闭或隐藏窗体等操作后，才能切换到其他窗体。在模式窗体显示时，虽然应用程序中的其他窗体失效，但其他应用程序不会失效。

如果调用 Show 方法时指定的窗体没有装载，Visual Basic 将自动装载该窗体。

④ Hide 方法。Hide 方法用以隐藏 Form 对象，但不能使其卸载，方法的调用格式如下：

窗体名.Hide

隐藏窗体时,它就从屏幕上被删除,并将其 Visible 属性设置为 False。用户将无法访问隐藏窗体上的控件,但是对于运行中的 Visual Basic 应用程序,隐藏窗体的控件仍然是可用的。

当窗体被隐藏时,用户只有等到被隐藏窗体的事件过程的全部代码执行完后才能够与该应用程序进行交互。

⑤ Move 方法。Move 方法用以移动窗体对象或者其他控件对象的位置,也可以改变控件对象的大小,方法的调用格式如下:

```
窗体名.Move left,top,width,height
```

如果在使用 Move 方法时,调用方法前没有加对象名称,系统将默认当前带有焦点的窗体作为默认对象来进行操作。

- left 必需参数,用来设置窗体距离屏幕左边的水平坐标。
- top 可选参数,用来设置窗体距离屏幕顶边的垂直坐标。
- width 可选参数,用来设置窗体新的宽度。
- height 可选参数,用来设置窗体新的高度。

Move 方法中的 4 个参数,只有 left 参数是必须的。但是,在 Move 方法使用中如果要指定任何其他的参数,必须先指定出现在语法中该参数前面的全部参数。例如,如果不先指定 left 和 top 参数,则无法指定 width 参数。

使用 Move 方法时,要牢记 Visual Basic 控件对象的坐标系统是以该控件对象所在控件容器的左上角为坐标系统原点(0,0),且坐标系统的度量单位为缇,坐标系统或度量单位是在设计时用 ScaleMode 属性设置。在运行时使用 Scale 方法可以更改该坐标系统。

(3) 事件。

① Click 事件。当在窗体上的空白位置按下然后释放一个鼠标按钮时,则会激发窗体的 Click 事件。

② DblClick 事件。当在窗体上的空白位置按下然后释放一个鼠标按钮并再次按下和释放鼠标按钮时,则会激发窗体的 DbClick 事件。

如果在 Click 事件中有代码,则 DblClick 事件将永远不会被触发,因为 Click 事件是两个事件中首先被触发的事件。其结果是单击被 Click 事件截断,从而使 DblClick 事件不会发生。

如果 DblClick 事件在系统双击时间限制内没有出现,则对象识别为另一个 Click 事件。也可以通过操作系统中控制面板来设置双击速度,从而对双击时间限制进行调整。当开发过程中需要设置单击和双击事件过程时,必须确保两个事件过程相互之间不发生冲突。对于不接受 DblClick 事件的控件可能会接受两次 Click 事件而不是 DblClick 事件。

③ Load 事件。Load 事件是在一个窗体被装载时触发。当使用 Load 语句启动应用程序,或引用未装载的窗体属性或控件时,此事件发生。

通常,Load 事件是在窗体 Intialize 事件之后发生,所以在开发应用中常常用来包含一个窗体的启动初始化代码。例如,当需要设置控件默认设置值,ComboBox 或 ListBox

控件下拉列表的内容,以及初始窗体级变量等。

④ Resize 事件。当一个对象第一次显示或当一个对象的窗口状态改变时该事件发生。(例如,一个窗体被最大化、最小化或被还原。)

当父窗体调整大小时,可用 Resize 事件过程来移动控件或调整其大小。也可用此事件过程来重新计算那些变量或属性,如:ScaleHeight 和 ScaleWidth 等,它们取决于该窗体的尺寸。如果在调整大小时想要保持图形的大小与窗体的大小成比例,可在一个 Resize 事件中通过使用 Refresh 方法调用 Paint 事件。

任何时候只要 AutoRedraw 属性被设置为 False 而且窗体被调整大小,Visual Basic 也会按 Resize 和 Paint 的顺序调用相关的事件。当给这些相关事件附加过程时,要确保它们的操作不会互相冲突。

⑤ Unload 事件。当窗体从屏幕上删除时发生。当那个窗体被重新加载时,它的所有控件的内容均被重新初始化。当使用在 Control 菜单中的 Close 命令或 Unload 语句关闭该窗体时,此事件被触发。

在窗体被卸载时,可用一个 Unload 事件过程来确认窗体是否应被卸载或用来指定想要发生的操作。也可在其中包括任何在关闭该窗体时也许需要的验证代码或将其中的数据储存到一个文件中。

案例 5-2　常用控件的使用

【案例效果】

设计如图 5-6 所示的窗体,程序运行时,在窗体的文本框中输入文字,单击窗体上的"确认输入"按钮,窗体上标签控件显示文本框中输入的内容。选择相应字体、字号、字形、颜色,对文本的显示效果进行查看,起到简易文本样式查看器的效果,运行效果如图 5-7 所示。

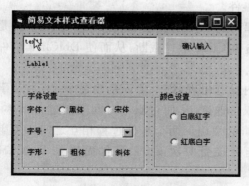

图 5-6　文本样式查看器窗体设计

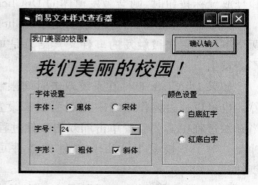

图 5-7　运行时状态

通过本案例的学习,可以掌握命令按钮、文本框、标签、框架、单选按钮、复选按钮、下拉框等控件的使用知识。

【设计过程】

1. 界面设计

（1）启动 Visual Basic 6.0，在"新建工程"窗口选择新建一个"标准 EXE"工程，单击"打开"按钮自动出现一个新窗体。

（2）单击工具箱的命令按钮、文本框和框架等控件，然后在窗体上绘制出如图 5-6 所示窗体。

2. 属性设置

在属性窗口里进行属性设置，如表 5-4 所示。

表 5-4　属性设置表

对象	属性名	属性值	对象	属性名	属性值
Form1	Caption	"简易文本样式查看器"	Label3	Caption	"字号："
Command1	Caption	"确认输入"	Label4	Caption	"字形："
Frame1	Caption	"字体设置"	Option1	Caption	"黑体"
Frame2	Caption	"颜色设置"	Option2	Caption	"宋体"
Label1	AutoSize	True	Option3	Caption	"白底红字"
Label2	Caption	"字体："	Option4	Caption	"红底白字"

3. 代码设计

打开代码编辑器，写入如下代码：

```
Private Sub Check1_Click()
    If Check1.Value=1 Then
        Label1.FontBold=True
    Else
        Label1.FontBold=False
    End If
End Sub


Private Sub Check2_Click()
    If Check2.Value=1 Then
        Label1.FontItalic=True
    Else
        Label1.FontItalic=False
    End If
End Sub


Private Sub Combo1_Click()
    Label1.FontSize=Combo1.Text
End Sub
```

```
Private Sub Command1_Click()
    Label1.Caption=Text1.Text
End Sub

Private Sub Form_Load()
    Label1.Caption=""                      '将 label1 和 text1 控件显示内容清空
    Text1.Text=""
    For i=2 To 5                           '将字号字符添加到下拉列表框中
        Combo1.AddItem i * 6
    Next
    End Sub
End Sub

Private Sub Option1_Click()
    Label1.FontName="黑体"
End Sub

Private Sub Option2_Click()
    Label1.FontName="宋体"
End Sub

Private Sub Option3_Click()                '设置 Label1 显示的文字为白底红字
    Label1.ForeColor=vbRed
    Label1.BackColor=vbWhite
End Sub

Private Sub Option4_Click()                '设置 Label1 显示的文字为红底白字
    Label1.BackColor=vbRed
    Label1.ForeColor=vbWhite
End Sub
```

【相关知识】

1. 窗体上控件的使用

窗体对象是 Visual Basic 应用程序的基本构造模块,是运行应用程序时,与用户交互操作的实际窗口。窗体作为应用程序的界面,是所有控件对象的载体,是 Visual Basic 中最基本的控件容器。

(1) 向窗体添加控件。根据应用程序功能的需要,通过工具箱中的按钮在窗体上添加控件。可以单击工具箱中的相应控件图标后在窗体上画出控件,也可以直接双击工具箱中的控件图标进行添加。

(2) 对象的命名。Name(名称)属性是所有对象都具有的属性。对象名称主要用于在程序代码中引用对象。在一个窗体中,每个对象的名称必须保证唯一性,即不得有重名对象。在建立窗体和控件对象时,Visual Basic 会自动提供一个默认的名称,如 Form1、Form2 等,也可以采用能反映对象类型和功能的名称,如 frmLogin、txtname 和 cmdOK 等。其中,前 3 个字母是 Visual Basic 约定的对象名称的前缀,代表控件对象类型,用对象类型的缩写表示,后面采用该控件的功能描述,比如 frmLogin 就表示,这是一个用于系统登录的窗体,这样既有利于检查错误,还能提高可读性。

（3）调整控件。为了使程序界面更加美观实用,往往需要对窗体和控件的大小及位置进行调整。

① 选定控件。要选定单个控件时单击它即可。若要同时选定多个控件,可以采用两种方法。

- 拖动鼠标,将欲选定的控件包围在一个矩形虚框内。
- 选定第一个对象,按住 Ctrl 键,再依次单击其他要选定的控件。

选定多个对象后,可以整体移动并可统一设置其格式和某些属性,以减少重复操作。在一级被选定的控件中,最后被选定的是主控件,它周围为实心尺寸柄,而其他被选定的控件周围为空心尺寸柄。进行格式设置时,将以主控件为标准。若要改变主控件,可在选定多个控件后,再单击其中的某个控件既可将其设置为主控件。

② 复制与删除控件。复制:选定控件,单击工具栏"复制"按钮,再单击"粘贴"按钮,系统将弹出对话框询问是否创建控件数组的对话框,单击"否"按钮则复制出名称不同而其他属性均相同的控件。

删除:选定控件,按 Delete 键或在控件对象上右击,从弹出的快捷菜单中选择"删除"命令即可。

③ 调整控件的大小。选定控件对象后,在对象的外围出现 8 个黑色方块,可将鼠标指针移到这些方块上按下鼠标左键进行拖动,调整到所需大小。

④ 统一尺寸。当希望窗体上多个控件具有相同大小时,可以选择"格式"|"统一尺寸"菜单项来实现。根据需要选择"宽度相同"、"高度相同"或者"两者都相同"菜单项。

⑤ 对齐控件。当希望窗体上多个控件整齐排列时,可以选择"格式"|"对齐"菜单项来实现。对齐方式有:左、居中、右、顶端、中间、底端对齐以及对齐到网格。

⑥ 锁定控件。为了防止在设计应用程序的过程中不小心移动调整好的控件,可以将调整好的控件锁定。选择"格式"|"锁定控件"菜单项,此时窗体上的所有控件都被锁定,不能在窗体上用鼠标直接拖动控件。需要解锁时,重复执行上述菜单命令即可。

⑦ 其他格式。利用"格式"菜单还可以对选定控件设置间距、在窗体上的居中方式和前后层次等。

2. 命令按钮

命令按钮（CommandButton）控件可以用来实现开始、中断或者结束一个进程的操作。选取这个控件后,命令按钮控件会显示按下的形状。

命令按钮可以通过鼠标单击、使用 Tab 键使命令按钮获得焦点然后按 Enter 键和快捷访问键这 3 种方式来接收用户输入的命令操作。

（1）常用属性。命令按钮控件及大部分控件的 Name、Height、Width、Enabled 和

Font 等基本属性的含义、使用都与窗体相同,在此不再赘述。

① Caption。Caption 属性用来设置命令按钮上所显示的文本,最多可包含 255 个字符。

如果需要给某一个命令按钮设置一个快捷键,可以在 Caption 属性中,在想要指定为访问键的字符前加一个(&)符号,则该字符就带有一个下划线。访问时,只需同时按下 Alt 键和带下划线的字符就可把焦点移动到那个控件上。

如果需要在标题中加入一个(&)符号而不是创建访问键,则需要在标题中加入两个(&&)符号来表示一个(&)符号。

② Value。Value 属性返回或设置指示该按钮是否可选的值,True 表示已选择该按钮;False(默认值)表示没有选择该按钮。Value 属性在设计时不能通过属性窗口进行设置,只能在程序运行中进行设置。如果在代码中设置 Value 属性值为 True 激发该按钮的 Click 事件。

③ Style。Style 属性用来设置命令按钮的样式。属性值为 0 时,命令按钮显示为标准按钮,只显示文本;属性值为 1 时,命令按钮可以以图形的样式来显示。

Style 属性只能在设计时进行设置,程序运行时无法设置。

④ Picture。Picture 属性用来设置命令按钮可显示的图片文件。当 Style 属性设置为 1 时,Picture 属性设置的图片才能在命令按钮上显示出来。

⑤ ToolTipText。ToolTipText 属性用来设置一个工具提示。当用户使用鼠标指针在对象上短暂停留时,描述按钮的词或短语的工具提示就会出现,帮助用户更好地了解按钮功能。

⑥ Default。Default 属性返回或设置一个值,用来确定哪一个命令按钮控件是窗体的默认命令按钮。

窗体中只能有一个命令按钮可以为默认命令按钮。当某个命令按钮的 Default 设置为 True 时,窗体中其他的命令按钮自动设置为 False。当命令按钮的 Default 设置为 True 而且其父窗体是活动的,用户可以按 Enter 键选择该按钮(激活其单击事件)。任何其他有焦点的控件都不接受 Enter 键的键盘事件(KeyDown、KeyPress 或 KeyUp),除非用户将焦点移到同一窗体的另外一个命令按钮上。在这种情况下,按 Enter 键选择有焦点的命令按钮而不是默认命令按钮。

⑦ Cancel。Cancel 属性返回或设置一个值,用来确定窗体中哪一个命令按钮是否为取消按钮。

窗体中只能有一个命令按钮控件为取消按钮。当一个命令按钮控件的 Cancel 属性被设置为 True,窗体中其他命令按钮控件的 Cancel 属性自动地被设置为 False。当一个命令按钮控件的 Cancel 属性设置为 True 而且该窗体是活动窗体时,用户可以通过单击它,按 Esc 键,或者在该按钮获得焦点时按 Enter 键来选择它。

在一个窗体中,Default 属性设置为 True 的命令按钮和 Cancel 属性设置为 True 的命令按钮都只有一个。

(2) 常用方法。命令按钮常用的方法主要有 SetFocus 方法。使用该方法可以使焦点移至指定的命令按钮,用户可以通过按下 Enter 键来实现单击命令按钮的操作。使用时,要注意命令按钮的状态为可操作,即 Enabled 和 Visible 属性应为 True。

(3) 常用事件。命令按钮控件最常用的事件就是 Click 事件,用户将某一程序功能实现代码写入 Click 事件过程,通过单击命令按钮,触发该事件。

3. 标签

标签(Label)控件主要用来显示文本信息,用户可以在设计阶段通过属性窗口设置,也可以在程序运行时通过代码对标签控件的 Caption 属性赋值改变控件显示内容,而用户无法直接在控件上进行文本输入。

(1) 常用属性。

① Caption。Caption 属性用来设置标签控件显示的文本内容。该属性允许输入的文本内容长度最多为 1024 个字节,如果输入的文本超过了标签控件本身的宽度时,文本会实现自动换行;当输入的文本超过了标签控件的高度时,超出部分将不能显示。

② AutoSize。AutoSize 属性控制标签控件能否自动改变大小以显示 Caption 属性全部内容。如果设置为 True,标签控件可以随 Caption 属性输入文本的多少自动调整大小,成一行显示但不再换行;如果设置为 False,标签控件保持原有尺寸不变,超出部分不能显示。

③ WordWrap。WordWrap 属性用来控制当标签控件中所显示的文本内容超过标签控件宽度换行显示时,是否能通过改变标签控件高度来适合输入文本内容,使其能全部显示。

④ BackStyle。BackStyle 属性用来控制标签控件的背景是否透明。当属性值为 0 时,标签控件背景透明,控件后的颜色和图片可见;当属性值为 1(默认值)时,用标签控件的 BackColor 属性设置值填充该控件,并隐藏该控件后面的所有颜色和图片。

⑤ Alignment。Alignment 属性用于控制标签控件中文本的显示对齐方式。当属性值为 0(默认值)时,文本以左对齐方式显示;当属性值为 1 时,文本以右对齐方式显示;当属性值为 2 时,文本以居中对齐方式显示。

(2) 常用方法。常用方法为 Move 和 Refresh。Refresh 方法用于强制刷新所显示内容。

(3) 常用事件。标签控件常见事件有:Change、Click 和 DblClick 等,但是由于标签控件常用于显示文本和标注信息,一般不使用该控件的事件过程进行程序编程。

4. 文本框

文本框(TextBox)控件是一个文本编辑区,用户可以在设计阶段或运行期间在这个区域中输入、编辑、修改和显示文本,类似于一个简单的文本编辑器。

(1) 常用属性。

① Text。Text 属性用来存放在文本框中显示的内容。可以在设计阶段和程序运行阶段对其进行设置。

② MultiLine。MultiLine 属性用来控制 TextBox 控件是否能够接受和显示多行文本。如果设置为 False(默认值)则忽略回车符并将数据限制在一行内,如果设置为 True该控件允许多行文本,当输入的文本超过控件的宽度时,如控件没有设置滚动条,系统会

自动换行进行显示。该属性在运行时是只读的不能修改。

Textbox 控件的 Text 属性值最多可以存放 2048 个字符,但是如果 MultiLine 属性设置为 True,则可输入 32KB 的字符。

③ ScrollBars。ScrollBars 属性用来控制文本框控件是否有水平滚动条或垂直滚动条。当属性值为 0(默认值)时,控件没有滚动条;当属性值为 1 时,有水平滚动条;当属性值为 2 时,有垂直滚动条;当属性值为 3 时,同时有水平和垂直滚动条。

ScrollBars 属性只能在设计阶段设置,当属性值设置为非 0 时,需首先设置 MultiLine 属性为 True,ScrollBars 属性才能生效。

④ Locked。Locked 属性用来设置文本框控件中的内容是否能进行修改。如果属性设置为 True,则文本框只能用于显示文本,不能进行输入和编辑文本操作。

⑤ MaxLength。MaxLength 属性用来设置文本框中所允许输入的最大字符数。该属性默认值为 0,表示不对输入字符数进行限制,如果属性值为任意正整数时,则该数字将作为文本框的最大输入字符数,当输入字符数超过该属性值时,将无法继续输入文本。

⑥ PassWordChar。PassWordChar 属性用来将文本作为密码输入框来使用,在文本框中输入的字符,都将被该属性值中设置的字符所代替显示。

设置 PassWordChar 属性仅对文本框中的显示有影响,对文本框中输入的字符(Text 属性)没有任何其他影响。

⑦ SelLength、SelStart、SelText。SelLength、SelStart、SelText 属性是文本框中进行文本编辑的属性。SelLength 属性主要用来返回或设置所选择的字符数。SelStart 属性用于返回或设置所选择的文本的起始点位置,如果没有文本被选中,则为光标插入点的位置。SelText 用于返回或设置当前所选择的文本字符串作为属性值,如果没有字符被选中,则为该属性值为空字符串。

(2) 常用方法。Textbox 控件使用最多的就是 SetFocus 方法。通过该方法,用户可以快速地将焦点定位在该控件上,方便进行输入操作。

(3) 常用事件。

① Change。当用户在文本框中编辑或通过代码设置 Text 属性导致文本框中的内容发生改变时,触发 Change 事件。

在编程应用中,Change 事件常用于实时检查每一次输入的字符是否符合要求。在编写多个文本框的 Change 事件过程时,要考虑多个文本框之间对互相影响,避免出现控件之间相互激发的情况。

② KeyPress。当用户按下和松开一个按键时将触发该事件。通过 KeyPress 事件的形参 KeyAscii,用户可以来判断用户输入的字符情况。

③ GotFocus 和 LostFocus。这两个事件分别在文本框控件获得焦点和失去焦点时被触发。GotFocus 事件过程常用于对文本框在输入前进行清空,以便于输入字符;LostFocus 事件过程经常用来对文本框中输入的内容进行检查,以判断输入是否符合要求。

5. 框架

Frame 控件是 Visual Basic 中的控件容器之一,可以用来进一步分割一个窗体,为控件提供可标识的分组。当在 Frame 控件上创建其他控件后,移动 Frame 控件则内部绘制的控件同时移动,并且保持 Frame 控件内部相对位置不变,就好像与 Frame 控件成为一个整体。

Frame 控件的常见属性与以前讲过的其他控件属性相似,同时由于 Frame 控件多用于分割窗体、分组控件,在编程中很少使用该控件的方法和事件,所以在此不再赘述。

6. 单选按钮、复选按钮

单选按钮(OptionButton)和复选按钮(CheckBox)在软件中常作为选项提供给用户进行选择。不同的是,在一组单选按钮中,单选按钮只能选择一个,其他单选按钮自动变为未被选中状态;而在一组复选按钮中,可以选定任意数量的按钮。

如需要在窗体上创建多组相互独立的单选按钮,可以使用框架等容器控件将单选按钮进行分组,从而避免在同一控件容器中相互影响。

(1) 常用属性。单选按钮和复选按钮的常用属性与其他控件类似,最重要的属性就是 Value,通过对该属性值的设置和返回,可以知道控件当前的选择状态。

对于单选按钮,Value 属性值为逻辑性值。当为 False(默认值)时,表示该单选按钮没有被选中;当为 True 时,表示已选择了该按钮(控件前圆形区域内出现黑色圆点)。

对于复选按钮,Value 属性值为整数值。当为 0(默认值)时,表示该复选按钮没有被选中;当为 1 时,表示已选择该按钮(控件前方形区域内出现"√"符号);当值为 2 时,复选按钮变灰,不可选择。

(2) 常用方法。单选按钮和复选按钮的常用方法有 SetFocus、Move 等,用法与窗体等控件相同。

(3) 常用事件。单选按钮和复选按钮的常用事件 Click 事件,对于一般控件的 Click 事件,单击鼠标左键或右键都能激发,但是对于单选按钮和复选按钮来说只有单击鼠标才能激发。当控件具有焦点时,也可以通过按下空格键来激发 Click 事件;另外也可以通过代码中更改 Value 属性的值来触发 Click 事件。

7. 列表框和组合框

列表框(ListBox)和组合框(ComboBox)常用于供用户选择已有项目,方便输入。

ListBox 控件常用于显示项目列表,用户从其中可以选择一项或多项。如果项目总数超过了可显示的项目数,系统会自动在 ListBox 控件上添加滚动条。

ComboBox 控件是将 TextBox 控件和 ListBox 控件的特性结合在一起,既可以在控件的文本框部分输入信息,也可以在控件的列表框部分选择某一项项目。

ListBox 和 ComboBox 控件具有许多共同的属性。

(1) 常用属性。

① List。List 属性用于返回或设置列表框和组合框的列表部分的项目。List 属性是一个字符串数组,数组的每一项都是一个列表项目,列表项目可以在设计时通过属性窗口进行输入,也可以在程序运行阶段通过代码进行添加、删除。

在属性窗口中输入 List 属性时,每输入完一项后,可以通过按 Ctrl+Enter 键换行进行下一项目的输入,当所有项目输入完成后,再按 Enter 键来结束输入。

② ListCount。该属性为一整数值,用于返回列表框或组合框中列表项目的个数。

③ ListIndex。该属性为一整数值,用于返回或设置控件中当前选择项目的索引。在列表项目中第一个项目的索引值为 0,最后一个项目的索引值为该控件 ListCount 属性值减去 1;如果没有选中任何列表项,ListIndex 属性值为−1。

例如,在列表框控件 List1 中对于当前被选中的列表项,可以使用 List1. List(ListIndex)来表示;第一个列表项目可以用 List1. List(0)来表示;最后一个列表项目可以用 List1. List(ListCount−1)来表示。

④ NewIndex。该属性用来返回最近加入列表中项目的索引。如果在列表中已没有项目或者在最后的项目被加入之后,一个项目被删除那么 NewIndex 属性将返回−1。

⑤ TopIndex。该属性用来指定在 ComboBox 和 ListBox 控件中的哪个列表项将被显示在顶部的位置。该属性不能在设计时使用属性窗口设置。

⑥ Selected。该属性为列表框独有,用来返回或设置在 ListBox 控件中的一个列表项的选择状态。该属性是一个与 List 属性有相同项数的布尔值数组,不能在设计时使用属性窗口设置。

⑦ MultiSelect。该属性用来指示是否能够在 ListBox 控件中对列表项如何进行复选。当 MultiSelect 属性值为 0(默认)时,列表框控件不能进行复选;当值为 1 时,列表框可以简单复选,用户可以通过鼠标单击或按下空格键在列表中选中或取消选中项;当值为 2 时,列表框可以进行扩展复选,用户可以按下 Shift 并单击鼠标或按下 Shift 以及一个方向键在以前选中项的基础上扩展选择到当前选中项,或者按下 Ctrl 键并单击鼠标来在列表中选中或取消选中项。

该属性只能在设计阶段通过属性窗口设置,在运行时无法通过代码设置。

⑧ Sorted。该属性为一逻辑值,用来设置控件中列表项是否按字母表顺序排序。

⑨ Text。该属性对于组合框控件用来返回控件中文本编辑区内的文本;对于列表框控件,则与表达式 List(ListIndex)的返回值相同。

⑩ Style。该属性用于控制列表框和组合框控件的样式。对于两种控件 Style 属性不同取值及含义如表 5-5 所示。

表 5-5　Style 属性在 ListBox 和 ComboBox 控件中的属性取值及含义

控件类型	数值	系 统 常 量	属性值含义
ListBox	0	VbListBoxStandard	(默认值)标准样式
	1	VbListBoxCheckbox	复选框样式,每一个列表项前都有一个复选框,可以选择多项
ComboBox	0	VbComboDropDown	(默认值)下拉式组合框。包括一个下拉式列表和一个文本框,可以从列表选择或在文本框中输入
	1	VbComboSimple	简单组合框。包括一个文本框和一个不能下拉的列表,可以从列表中选择或在文本框中输入,简单组合框的大小包括编辑和列表部分
	2	VbComboDrop-DownList	下拉式列表。这种样式仅允许从下拉式列表中选择

（2）常用方法。

① AddItem。该方法用于将列表项目添加到 ListBox 或 ComboBox 控件中。

方法调用格式：

```
object.AddItem item,index
```

在调用格式中,object 为控件的名称（Name 属性）。item 为必选参数,作为一个字符串表达式用来指定添加到控件中的项目。index 为可选参数,取值为整数,用来指定新列表项在控件中的位置。如果所给出的 index 值有效,则 item 将放置在 object 中相应的位置。如果省略 index,当 Sorted 属性设置为 True 时,item 将添加到恰当的排序位置,当 Sorted 属性设置为 False 时,item 将添加到列表的结尾。

② RemoveItem。该方法用于将列表项目从 ListBox 或 ComboBox 控件中删除。

方法调用格式：

```
object.RemoveItem index
```

在调用格式中,index 为必选参数,取值为整数,用来指定被删除列表项在控件中的位置。

③ Clear。该方法用于清除 ListBox 或 ComboBox 控件中的所有列表项。

方法调用格式：

```
object.Clear
```

（3）常用事件。

① Click。当用户通过按箭头键或者单击鼠标,对 ComboBox 或 ListBox 控件中的项目进行选择时,将触发 Click 事件。Click 事件触发时,系统将自动更改 ComboBox 或 ListBox 控件中 ListIndex、Selected、Text 等属性的属性值,而无须用户编写代码实现。

如果在 Click 事件过程中有代码,则不会触发 DblClick 事件。

② Change。该事件仅在当 ComboBox 控件文本编辑框中的字符被改变或者通过代码改变了 Text 属性的设置时才会被激发,而对于通过单击列表项来改变 Text 属性值的动作则不会激发 Change 事件。

③ Scroll。当用户拖动 ComboBox 控件的下拉部分的滚动条时会被激发。

案例 5-3 简易图像浏览器

【案例效果】

设计程序,程序运行时首先启动如图 5-8 所示的窗体,在窗体上可以通过文件系统控件来选择计算机中的图片进行浏览。如果浏览前未选中图片,当单击命令按钮时,则出现如图 5-9 所示的提示对话框,提示用户先选择图片再进行浏览。

选中图片后,可以通过单击"属性演示"命令按钮来打开如图 5-10 和图 5-11 所示窗体来演示图片框的 AutoSize 属性和图像框的 Stretch 属性不同取值时的情况。

图 5-8　简易图片浏览器　　　　　　　　　图 5-9　未选中图片消息提示框

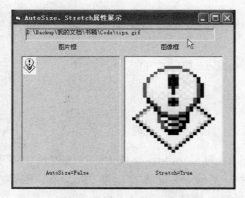

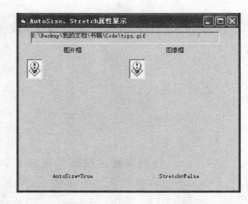

图 5-10　AutoSize 属性演示　　　　　　　图 5-11　Stretch 属性演示

单击"图片浏览"按钮打开如图 5-12 所示窗体,用户可以通过单击垂直、水平滚动条来移动图片,在有限的图片框区域内浏览大尺寸图片。

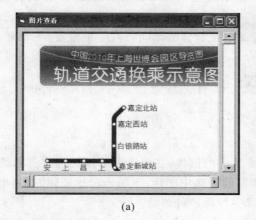

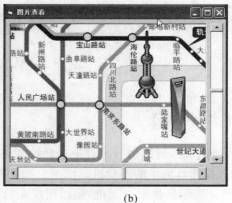

(a)　　　　　　　　　　　　　　　　　　(b)

图 5-12　图片查看器

通过本案例的学习,可以掌握文件系统控件、图片框、图像框、滚动条控件的属性、方法及事件等使用知识。

【设计过程】

1. 界面设计

(1) 启动 Visual Basic 6.0,在"新建工程"窗口选择新建一个"标准 EXE"工程,单击"打开"按钮自动出现一个新窗体。

(2) 分别单击工具箱的驱动器列表框控件(DriveListBox)、目录列表框控件(DirListBox)和文件列表框控件(FileListBox),在窗体上绘制出相应控件对象,如图 5-13 所示。

(3) 单击工具箱的框架控件,创建控件对象,在框架上创建两个单选按钮,用来表示图片框控件的 AutoSize 属性的两个取值。采用同样的步骤创建控件对象来表示图像框的 Stretch 属性的取值情况。

(4) 单击工具箱中的命令按钮控件,创建两个命令按钮,分别用于打开"属性演示"、"图片浏览"两个窗体。

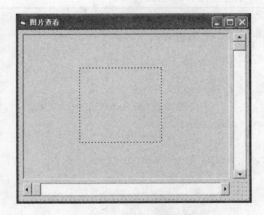

图 5-13　AutoSize、Stretch 属性演示　　　　图 5-14　图片查看窗体

(5) 在"工程资源管理器"窗口中右击,从弹出的快捷菜单中选择"添加"|"添加窗体"命令,为工程添加两个窗体 Form2、Form3。

(6) 在 Form2 上创建 5 个标签控件,分别用来显示打开文件的路径文件名、控件名称、属性情况等信息。分别创建图片框和图像框两个控件对象,并列进行摆放,如图 5-13 所示。

(7) 在 Form3 上先创建图片框控件对象,然后在图片框控件上创建图像框控件对象,并在窗体适当位置添加垂直滚动条和水平滚动条,如图 5-14 所示。

2. 属性设置

在属性窗口里进行属性设置,如表 5-6～表 5-8 所示。

表 5-6　Form1 窗体上控件属性设置表

对　象	属性名	属　性　值	对　象	属性名	属　性　值
Form1	Caption	"简易图片浏览器"	Option1	Caption	"True"
Command1	Caption	"属性演示"	Option2	Caption	"False"
Command2	Caption	"图片浏览"	Option3	Caption	"True"
Frame1	Caption	"Picture 控件的 AutoSize 属性"	Option4	Caption	"False"
Frame2	Caption	"Image 控件的 Stretch 属性"			

表 5-7　Form2 窗体上控件属性设置表

对　象	属性名	属　性　值	对　象	属性名	属　性　值
Form2	Caption	"AutoSize、Stretch 属性演示"	Label1	Caption	"图片框"
Image1	BorderStyle	1	Label2	Caption	"图像框"

表 5-8　Form3 窗体上控件属性设置表

对　象	属性名	属　性　值	对　象	属性名	属　性　值
Form3	Caption	"图片查看"	Vscroll1	SmallChange	10
Hscroll1	SmallChange	10			

3. 代码设计

（1）窗体 Form1 中代码。

```
Private Sub Form_Load()
    File1.Pattern="＊.jpg;＊.bmp;＊.gif"
End Sub

Private Sub Command1_Click()
    If File1.FileName<>"" Then
        Form2.Show 1
    Else
        MsgBox "请正确选择图片文件!"
    End If
End Sub

Private Sub Command2_Click()
    If File1.FileName <>"" Then
        Form3.Show 1
    Else
        MsgBox "请正确选择图片文件!"
    End If
End Sub

Private Sub Dir1_Change()
```

```
    File1.Path=Dir1.Path
End Sub

Private Sub Drive1_Change()
    Dir1.Path=Drive1.Drive
End Sub
```

（2）窗体 Form2 中代码。

```
Private Sub Form_Load()
    Dim fn As String
    fn=Form1.File1.Path & "\" & Form1.File1.FileName
    Label3.Caption=fn
    If Form1.Option1.Value=True Then Picture1.AutoSize=True
    If Form1.Option2.Value=True Then Picture1.AutoSize=False
    If Form1.Option3.Value=True Then Image1.Stretch=True
    If Form1.Option4.Value=True Then Image1.Stretch=False
    Label4.Caption="AutoSize=" & Picture1.AutoSize
    Label5.Caption="Stretch=" & Image1.Stretch
    Picture1.Picture=LoadPicture(fn)
    Image1.Picture=LoadPicture(fn)
End Sub
```

（3）窗体 Form3 中代码。

```
Private Sub Form_Load()
    Dim fn As String
    fn=Form1.File1.Path & "\" & Form1.File1.FileName
    Image1.Picture=LoadPicture(fn)
    Image1.Move 0, 0
    HScroll1.Min=0
    HScroll1.Max=Picture1.Width-Image1.Width
    VScroll1.Min=0
    VScroll1.Max=Picture1.Height-Image1.Height
End Sub

Private Sub HScroll1_Change()
    Image1.Left=HScroll1.Value
End Sub

Private Sub HScroll1_Scroll()
    Image1.Left=HScroll1.Value
End Sub

Private Sub VScroll1_Change()
    Image1.Top=VScroll1.Value
```

```
End Sub

Private Sub VScroll1_Scroll()
    Image1.Top=VScroll1.Value
End Sub
```

【相关知识】

可以显示来自图形文件的图形。

1. 图片框和图像框

在 Visual Basic 中常用的显示图形的控件有图片框控件(PictureBox)和图像框控件(Image),系统支持的图形文件有如下 5 种。

(1) 位图(Bitmap)。用像素来表示的图像,它以位集合的形式存储,其中每个像素对应一个或多个颜色信息位。位图通常带有.Bmp 文件扩展名。

(2) 图标(Icon)。是对象或概念的图形表示;在 Windows 系统中通常用来表示文件夹中的最小化的应用程序、快捷方式键、或者对象。图标是一个尺寸最大为 32×32 个像素的位图。图标具有.Ico 文件扩展名。

(3) 元文件(MetaFile)。将图像以图形对象(线、圆弧、多边形)而不是像素的形式来存储的文件。有两种类型的元文件:标准型和增强型。调整图像大小时,元文件对图像的保存比像素更精确。

(4) JPEG 文件。JPEG 是一种支持 8 位和 24 位颜色的压缩位图格式。适合在网络(Internet)上传输,是非常流行的图形文件格式。

(5) GIF 文件。GIF 是一种压缩位图格式。它可支持多达 256 种的颜色,是 Internet 上一种流行的文件格式。

PictureBox 控件可以显示来自位图、图标或者元文件,以及来自增强的元文件、JPEG 或 GIF 文件的图形。如果控件不足以显示整幅图像,则裁剪图像以适应控件的大小。PictureBox 控件可以作为控件容器。

Image 控件也可以显示来自位图、图标或元文件的图形,也可以显示增强的元文件、JPEG 或 GIF 文件,Image 控件不能作为容器。

(1) 常用属性。

① Picture。图片框和图像框都有 Picture 属性,主要用于返回或设置控件中要显示的图片。Picture 属性在两种控件中的含义和用法是一致的。

在设计时设置 Picture 属性,图片被保存起来并与窗体同时加载。如果创建可执行文件,该文件中包含该图像。如果在运行时加载图片,该图片不和应用程序一起保存。

程序运行时,在代码中使用 LoadPicture 函数加载图片,使用格式如下:

```
Object.Picture=LoadPicture(FileName)
```

FileName 表示加载图片文件的文件名,这个文件名应该是包含盘符、目录的全路径文件名,如果在使用中在 LoadPicture 函数中不加 FileName 参数,则实现删除图片框(或

图像框)控件中已显示图片的功能,使用格式如下:

```
Object.Picture=LoadPicture()
```

也可以在代码中使用 Nothing 常量来实现删除图片的操作,使用格式如下:

```
Object.Picture=Nothing
```

或

```
Set Object.Picture=Nothing
```

如果在程序运行中需要保存图片,可以使用 SavePicture 语句将图片保存到计算机上,使用格式如下:

```
SavePicture [Object.]Picture|Image,FileName
```

使用 SavePicture 语句保存图片时,如果是通过绘图方法和 print 方法输出在图片框上的文字和图形,只能使用 Image 属性来保存;而在设计时或通过 LoadPicture 函数加载的图片,在保存时既可以选择 Picture 属性或 Image 属性来保存。

② AutoSize。AutoSize 属性为图片框控件独有,用于控制图片框控件是否能自动改变控件大小以显示其整幅图片。当属性值为 True 时,图片框控件将以图片大小来调整控件大小以显示整幅图片,如图 5-12(b)所示;当属性值为 False 时,图片框将以原始控件大小来显示图片,超出部分将不能被显示,如图 5-12(a)所示。

③ Stretch。Stretch 属性为图像框独有,用于控制一个图片是否调整大小,以适应图像框控件的大小。当属性值为 True 时,图片将调整自身大小来适应图像框大小来显示,如图 5-12(a)所示。当属性值为 False 时,将以图片尺寸大小调整图像框大小来显示整幅图片,如图 5-12(b)所示。

(2) 常用方法。

① 图片框控件。图片框控件在 Visual Basic 中可以作为其他控件的容器,可以输出图形和文字。所以该控件常用方法有 Cls、Print、Circle、Line、Pset 和 Scale 等方法。

② 图像框控件。由于 Image 控件使用较少的系统资源,所以重画起来比 PictureBox 控件要快,它所支持的方法较少,常用的有 Move、Refresh 等方法。

(3) 常用事件。两种控件都支持 Click、DblClick 等常用事件,对于图片框控件,它还支持 Change 和 Resize 事件。当通过代码改变图片框控件的 Picture 属性的设置时将会激发 Change 事件;当图片框控件的尺寸发生改变时将会激发 Resize 事件。

2. 文件系统控件

在 Visual Basic 中,系统提供了 3 种可以用于浏览计算机系统文件系统目录结构和显示文件情况的控件,分别是驱动器列表框(DriveListBox)、目录列表框(DirListBox)和文件列表框(FileListBox)。通过这 3 种控件就可以构成图 5-9 中的文件浏览界面。

(1) DriveListBox。驱动器列表框控件是下拉式列表框,用于显示、选择计算机系统中驱动器的名称。用户可以通过单击控件右侧下拉箭头在下拉列表中选择相应驱动器,目前暂不支持网络驱动器。

驱动器列表框控件除了具有其他常用控件的基本属性外，还有一个十分重要的特殊属性 Drive。Drive 属性在运行时返回或设置所选驱动器的名称。该属性在设计状态时不能设置，只能在程序运行中通过代码被引用或设置，其形式为：

```
[Object.]Drive[=<驱动器名>]
```

其中，Object 表示驱动器列表框的名称，控件创建时系统默认名称为 Drive1、Drive2 等。

＜驱动器名＞指定所选择的有效驱动器，如：C:\、D:\等，默认值为当前驱动器。

驱动器列表框控件最常用的事件是 Change 事件，每次重新设置驱动器列表框的 Drive 属性时都会触发该事件。如果要实现驱动器列表框与目录列表框的同步更新，可在驱动器列表框的 Change 事件过程中加入如下代码：

```
Dir1.Path=Drive1.drive
```

（2）DirListBox。目录列表框控件用于显示当前驱动器的目录结构及当前目录下的所有子目录。控件使用缩进的方式突出显示当前目录及其父目录、子目录。用户可以使用鼠标双击来打开或关闭任何一个目录，显示该目录下的所有子目录情况，并使该目录成为当前目录。

Path 属性是目录列表框最常用的属性，主要用于改变当前目录路径。该属性只能在程序运行中通过代码引用和设置，不能在设计时通过属性窗口设置。目录列表框控件对象中通常只显示当前驱动器下的子目录，若需要显示其他驱动器下的目录结构，必须重新设置目录列表框的 Path 属性，语句使用格式如下：

```
[Object.]Path[=<路径名称字符串>]
```

其中，Object 表示目录列表框的名称，控件对象创建时系统默认名称是：Dir1、Dir2 等。

＜路径名称字符串＞用来表示路径名的字符串表达式，如 C:\Windows 或网络路径\\210.43.32.8\Share 等，默认值为当前目录。

目录列表框最常用的是 Change 事件，每次重新设置 Path 属性都会触发 Change 事件。如果要实现目录列表框与文件列表框显示的同步更新，可在目录列表框的 Change 事件过程中加入如下代码：

```
File1.Path=Dir1.Path
```

（3）FileListBox。文件列表框控件用于显示当前驱动器当前目录下的文件列表清单。

① 常用属性。文件列表框除了具有其他常用控件的基本属性外，常用的属性还有：Path、Pattern 、FileName 等属性。

- Path 属性。文件列表框的 Path 属性用于返回或设置文件列表框控件当前目录，该属性与目录列表框控件 Path 属性的使用方法相同，同样在设计阶段不可设置。
- Pattern 属性。文件列表框的 Pattern 属性用于返回或设置文件列表框中所显示文件的文件类型，可以在设计阶段进行设置，也可以在程序中通过代码进行设置，默认值为显示全部文件。该属性使用格式如下：

```
[Object.]Pattern[=<文件名字符串>]
```

其中：

Object 表示文件列表框名称。

＜文件名字符串＞是一个指定显示文件类型的字符串表达式，可使用通配符？和 ＊ 。

例如：

```
File1.Pattern="＊.exe"          '显示所有扩展名为.exe 的文件
File1.Pattern="＊.exe;＊.com"    '显示所有扩展名为.exe 或.com 的文件
```

- FileName 属性。FileName 属性用来返回或设置被选定文件的文件名，该属性不能在设计时使用。该属性使用格式如下：

```
[Object.]FileName[=<文件名及路径名字符串>]
```

其中：

Object 表示文件列表框名称。

＜文件名及路径名字符串＞表示为一个文件包含路径的全文件名。在这里需要提醒大家的是，FileName 属性值只包含文件名，不包含文件相应路径名。当我们在进行打开、复制文件操作，需要获得文件的全文件名时，可以通过将文件列表框控件的 Path 属性值和 FileName 属性值通过字符串连接的方法来获得包含路径的全文件名。在获取时应该注意 Path 属性值最后一个字符是否是目录分割号"\"，确保目录分割正确。

② 常用事件。文件列表框控件常用的事件除了 Click、DblClick 以外，还有 PatternChange 和 PathChange 事件。

当 Pattern 属性被用户重新设置时文件列表框就会触发 PatternChange 事件。如果代码中对 FileName 或 Path 属性的设置导致 Pattern 属性值发生改变，也能触发 PatternChange 事件。

同样，当 Path 属性值发生变化时将触发文件列表框的 PathChange 事件。当将包含新路径的字符串给 FileName 属性赋值时，也会触发文件列表框控件的 PathChange 事件。

3. 滚动条

滚动条（ScrollBar）通常用来附在窗体上协助观察数据或确定位置。滚动条有水平滚动条（HScrollBar）和垂直（VScrollBar）两种。滚动条中有滑块，滑块用于鼠标拖放以变化数据或位置。

（1）常用属性。

① Value 属性。Value 属性值表示滚动条内滑块所处的位置，其值始终为介于 Max 与 Min 属性值之间的一个整数。滚动条的默认取值范围在－32 768～32 767。

② Max、Min 属性。Max 属性表示当滑块处于滚动条最大位置时所代表的值，默认值为 32 767。Min 属性表示滑块处于滚动条最小位置时所代表的值，默认值为 0。

水平滚动条的滑块在最左端代表最小值,在最右端代表最大值。垂直滚动条的滑块在最上端代表最小值,在最下端代表最大值。

③ SmallChange 属性。SmallChange 属性表示鼠标单击滚动条两端的箭头时,滑块移动的增量值。

④ LargeChange 属性。LargeChange 属性表示鼠标单击滚动条的空白处时,滑块移动的增量值

（2）常用事件。

① Scroll 事件。当滚动条被重新定位或拖动滑块时均会触发滚动条的 Scroll 事件。

② Change 事件。当通过拖动滚动条滑块或通过代码来改变 Value 值属性时,就会触发滚动条的 Change 事件。

Scroll 事件和 Change 事件经常用于协调各控件与滚动条变化同步,但两事件在触发上有一定区别:当用户拖动滑块时,Scroll 事件伴随整个拖动过程一直在触发;而 Change 事件仅在拖动结束后,Value 属性值有确定值后才被触发,且只有一次。

案例 5-4　手　写　板

【案例效果】

设计程序,程序运行时首先启动如图 5-15 所示的窗体,在窗体上的文本框中输入密码,当输入正确密码"12345678"后,显示如图 5-16 所示的"恭喜你,密码输入成功!"的滚动提示信息,单击命令按钮"进入手写板",显示手写板演示窗体,将鼠标指针移动到窗体上,当按住鼠标左键不放,移动鼠标,即可在窗体上写出字符,运行效果如图 5-17 所示。

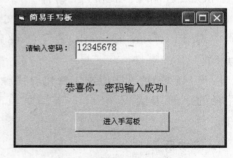

图 5-15　简易手写板运行效果　　　　　图 5-16　正确输入密码

通过本案例的学习,可以掌握常用鼠标、键盘事件的使用等知识。

【设计过程】

1. 界面设计

（1）启动 Visual Basic 6.0,在"新建工程"窗口选择新建一个"标准 EXE"工程,单击"打开"按钮自动出现一个新窗体。

（2）单击控件工具箱的控件图标，在窗体上绘制出标签、文本框、命令按钮及计时器控件对象，如图 5-18 所示。

图 5-17　鼠标手写效果

图 5-18　窗体设计

（3）在"工程资源管理器"窗口中右击，从弹出的快捷菜单中选择"添加"|"添加窗体"菜单项，为工程添加窗体 Form2。

2. 属性设置

在属性窗口里进行相应属性设置，如表 5-9 所示。

表 5-9　控件属性设置表

对　象	属性名	属　性　值	对　象	属性名	属　性　值
Form1	Caption	"5-5 简易手写板"	Text1	Text	""
Form2	Caption	"手写板演示"		MaxLength	8
Label1	Caption	"请输入密码："	Command1	Caption	"进入写字板"
Label2	Alignment	2		Enabled	False
	AutoSize	True	Timer1	Enabled	False
				Interval	1000

3. 代码设计

（1）窗体 Form1 中代码。

```
Private Sub Command1_Click()
    Form2.Show 1
End Sub


Private Sub Form_Load()
    Label2.Caption=""
End Sub


Private Sub Text1_Change()
    If Text1.Text="12345678" Then
```

```
            Label2.Caption="恭喜你,密码输入成功!"
            Timer1.Enabled=True
            Command1.Enabled=True
        End If
    End Sub


    Private Sub Text1_KeyPress(KeyAscii As Integer)
        Select Case KeyAscii
            Case 48 To 57,8,13                      '只能输入数字、退格键和回车键
        Case Else
            KeyAscii=0
            MsgBox "请输入数字字符!"
        End Select
    End Sub


    Private Sub Timer1_Timer()
        Label2.Caption=Right(Label2.Caption,Len(Label2.Caption)-1) & Left(Label2.
        Caption,1)
    End Sub
```

(2) 窗体 Form2 中代码。

```
Dim w As Boolean
Private Sub Form_Load()
    w=False
    DrawWidth=5
End Sub


Private Sub Form_MouseDown(Button As Integer,Shift As Integer,X As Single,Y As
Single)
    If Button=vbLeftButton Then w=True
End Sub


Private Sub Form_MouseMove(Button As Integer,Shift As Integer,X As Single,Y As
Single)
    If w Then PSet (X,Y),vbRed
End Sub


Private Sub Form_MouseUp(Button As Integer,Shift As Integer,X As Single,Y As Single)
    w=False
End Sub
```

【相关知识】

在 Visual Basic 中应用程序可以响应多种鼠标和键盘事件,利用鼠标和键盘的事件
进行编程,可以使鼠标按键操作和键盘输入操作分辨的更加清楚,更有利于进行编程

开发。

1. 鼠标事件

鼠标事件是指由用户操作鼠标而引发的，能被 Visual Basic 中的各种控件对象识别的事件。鼠标事件可以区分鼠标的左键、中键和右键以及键盘的 Shift 键、Ctrl 键和 Alt 键。除了常用的 Click、DbClick 事件之外，鼠标事件还有以下 3 个。

MouseDown 事件：当鼠标任一按键被按下时被触发；

MouseUp 事件：当鼠标任一按键被释放时被触发；

MouseMove 事件：当鼠标被移动时被触发。

与上述 3 个事件相对应的鼠标事件过程形式如下。

（1）MouseDown 事件：

```
Private Sub Object_MouseDown(Button As Integer,Shift As Integer,X AsSingle,Y As
Single)
    ...
End sub
```

（2）MouseUp 事件：

```
Private Sub Object_MouseUp(Button As Integer,Shift As Integer,X As Single,Y As
Single)
    ...
End Sub
```

（3）MouseMove 事件：

```
Private Sub Object_MouseMove(Button As Integer,Shift As Integer,X As Single,Y As
Single)
    ...
End Sub
```

其中：

Object：表示响应事件的对象。

Button：表示鼠标的那个按键被按下，该参数值用一个 3 位二进制数来表示，具体参数值及含义如表 5-10 所示。

表 5-10　Button 参数值及含义

参数值	二进制数	常　　数	参数值含义	参数值	二进制数	常　　数	参数值含义
1	001	vbLeftButton	左键被按下	4	100	vbMiddleButton	中键被按下
2	010	vbRightButton	右键被按下				

Shift：表示鼠标事件发生时，用户是否同时按下了键盘上的 Shift 键、Ctrl 键或 Alt 键，该参数值用一个 3 位二进制数来表示。用户也可以根据不同 Shift 码值相加来表示按键组合，如 7（1＋2＋4）表示同时按下了 Shift 键、Ctrl 键和 Alt 键。具体参数值及含义如表 5-11 所示。

表 5-11   Shift 参数值及含义

参数值	二进制数	常　数	参数值含义	参数值	二进制数	常　数	参数值含义
1	001	vbShiftMask	Shift 键被按下	4	100	vbAltMask	Alt 键被按下
2	010	vbCtrlMask	Ctrl 键被按下				

X、Y：表示鼠标指针当前的位置，即鼠标在当前控件对象坐标系统上的坐标位置。

在应用程序运行中，当用户移动鼠标位于某个控件上方时，该控件将识别鼠标事件，当鼠标位于窗体中没有控件的区域时，则将由窗体识别鼠标事件。

如果鼠标被持续地按下，则第一次按下之后捕获鼠标的对象将接收全部鼠标事件直至所有按钮被释放为止。

2．键盘事件

在 Visual Basic 中，键盘作为主要的输入设备，完成了大量的字符输入操作，通过对键盘事件的编程可以使用户在输入时能进行更多的操作，例如在文本框中控制输入字符的类型。窗体及可以接受键盘输入的控件（如 TextBox、PictureBox、ComboBox 等）都能识别以下 3 种键盘事件。

KeyPress 事件：当用户按下并且释放一个会产生 ASCII 字符的键时被触发。

KeyDown 事件：当用户按下键盘上任意一个键时被触发。

KeyUp 事件：当用户释放键盘上任意一个键时被触发。

（1）KeyPress 事件。该事件只有在用户按下了与 ASCII 字符对应的按键时才能被触发，KeyPress 事件过程形式如下：

```
Private Sub Object_KeyPress(KeyAscii As Integer)
    …
End Sub
```

其中：

Object：表示响应事件的对象。

KeyAscii：返回按键对应的 ASCII 码值。如果改变它的值，则可以给控件对象发送一个不同的字符。如果将参数值改为 0 时，将取消本次按键，控件对象接收不到字符。

KeyPress 事件可以引用任何可打印的键盘字符，包括大小写字母、数字、标点、运算符以及 Enter、Backspace、Tab 和 Esc 键等。对功能键、编辑键和方向键等不产生 ASCII 码的按键不产生响应。例如，在 TextBox 或 ComboBox 控件中对输入按键的判断非常有用，可以立即判断按键的有效性或在字符输入时对其进行格式处理。

（2）KeyDown 和 KeyUp 事件。KeyDown 和 KeyUp 事件返回的是用户所按或释放键的状态。通过这两个事件，用户可以清楚的判断出按键的情况，与 KeyPress 事件能获得输入字符的 ASCII 码值不同的是，KeyDown 和 KeyUp 事件获得的是按下键的键代码。例如，当用户按下字母键"K"时，所得到的 KeyCode 码与按字母键"k"键所得的 KeyCode 码是相同的，而对于 KeyPress 事件来说，所得到的 KeyAscii 值是不一样的，分别是 75 和 107。KeyDown 和 KeyUp 事件过程常见形式如下：

```
Private Sub Object_KeyDown(KeyCode As Integer,Shift As Integer)
    ...
End Sub
Private Sub Object_KeyUp(KeyCode As Integer,Shift As Integer)
    ...
End Sub
```

其中：

KeyCode：表示按下键的键代码，如输入字母"K"和"k"时，按下的是同一个键，所以键代码一样，也就是说用户按下的是同一个物理键，不能区分字母的大小写。如果要对输入的 ASCII 字符做判断，只能使用 KeyPress 事件。

Shift：表示事件发生时，用户是否同时按 Shift 键、Ctrl 键或 Alt 键，该参数值用一个 3 位二进制数来表示。其含义与鼠标事件中 Shift 键参数一致。

程序开发中，KeyDown 和 KeyUp 事件常用于下列情况：

① 扩展的字符键，如功能键等；

② 定位键；

③ 键盘修饰和按键的组合；

④ 区别数字小键盘和常规数字键。

下列情况不能触发 KeyDown 和 KeyUp 事件：

① 窗体上有一个 Default 属性为 True 的命令按钮时按 Enter 键；

② 窗体上有一个 Cancel 属性 True 的命令按钮时按 Esc 键；

③ 窗体上命令菜单定义了快捷键，按下快捷键时将触发命令菜单的 Click 事件，而不是键盘事件。

3. 定时器

定时器(Timer)控件通过引发 Timer 事件，有规律地隔一段规定时间执行一次过程代码。

Timer 控件最主要的属性是 Interval，用户可以在设计阶段或程序运行中进行设置。该属性主要用来设置或返回 Timer 控件的计时事件各调用间隔的毫秒数，取值范围为 1～65 535，例如，如果设置为 1000，则表明 Timer 事件每隔 1 秒钟触发一次。如果属性值设置为 0，则表明定时器控件无效。

Timer 控件的 Enabled 属性决定该控件是否对时间的推移做响应。将 Enabled 设置为 False 会关闭 Timer 控件，设置为 True 则打开它。当 Timer 控件置为有效时，倒计时总是从其 Interval 属性的设置值开始。

本 章 小 结

本章介绍了 Visual Basic 程序设计中对象、类、属性、方法、事件的基本概念以及窗体和控件的使用方法。其中，要重点掌握窗体和常用控件的属性、方法和事件的使用方法，要掌握窗体控件创建、调整和布局的常用方法，要掌握鼠标、键盘的常用事件过程的应用技巧，要在学习中理解 Visual Basic 程序设计中事件驱动编程机制的含义。

习 题 5

一、选择题

1. 文本框没有_____属性。
   A. Enabled   B. Visible   C. BackColor   D. Caption

2. 文本框（Text1）中有选定的文本，执行 Text1. SelText = " Hello" 的结果是_____。
   A. "Hello"将替换掉原来选定的文本
   B. "Hello"将插入到原来选定的文本之前
   C. Text1. SelLength 为 5
   D. 文本框中只有"Hello"

3. 要判断"命令按钮"是否被鼠标单击，应在"命令按钮"的_____事件中判断。
   A. Chang   B. KeyDown   C. Click   D. KeyPress

4. 如果文本框的 Enabled 属性设为 False，则_____。
   A. 文本框的文本将变成灰色，并且此时用户不能将光标置于文本框上
   B. 文本框的文本将变成灰色，用户仍然能将光标置于文本框上，但是不能改变文本框中的内容
   C. 文本框的文本将变成灰色，用户仍然能改变文本框中的内容
   D. 文本框的文本正常显示，用户能将光标置于文本框上，但是不能改变文本框中的内容

5. 下列控件中，没有 Caption 属性的是_____。
   A. 框架   B. 列表框   C. 复选框   D. 单选按钮

6. 假如列表框(List1)有 4 个数据项，那么把数据项"OK"添加到列表框的最后，应使用_____语句。
   A. List1. AddItem3 ,"OK"
   B. List1. AddItem"OK", List1. ListCount－1
   C. List1. AddItem"OK",3
   D. List1. AddItem"OK", List1. ListCount

7. 如果列表框（List1）中只有一个项目被用户选定，则执行 Debug. Print List1Selected(List1. ListIndex)语句的结果是_____。
   A. 在 Debug 窗口输出被选定的项目的索引值
   B. 在 Debug 窗口输出 True
   C. 在窗体上输出被选定的项目的索引值
   D. 在窗体上输出 True

8. 引用列表框(List1)最后一个数据项应使用_____。
   A. List1. List(List1. ListCount)   B. List1. List(List1. ListCount－1)

    C. List1. List(ListCount)   D. List1. List(ListCount－1)

9. 组合框的 Style 属性决定组合框的类型和行为,它的值为 2 时,其显示形式和功能是_____。

    A. 下拉列表框,并允许用户输入不属于列表框中的选项

    B. 简单组合框,并允许用户输入不属于列表框中的选项

    C. 下拉列表框,不允许用户输入不属于列表框中的选项

    D. 简单组合框,不允许用户输入不属于列表框中的选项

10. 如果每 0.5 秒产生一个计时器事件,那么 Interval 属性值应设为_____。

    A. 5   B. 50   C. 500   D. 0.5

11. 用来设置粗体字的属性是_____。

    A. Font1Italic   B. FontName   C. FontBold   D. FontSize

12. 为了防止用户随意将光标置于控件之上,应该进行_____设置。

    A. 将控件的 TabIndex 属性设置为 0

    B. 将控件的 TabStop 属性设置为 True

    C. 将控件的 TabStop 属性设置为 False

    D. 将控件的 Enabled 属性设置为 False

13. 复选框的 Value 属性为 1 时,表示_____。

    A. 复选框未被选中   B. 复选框被选中

    C. 复选框内有灰色的钩   D. 复选框操作方式"错误"

14. 如果列表框(List1)中没有被选定的项目,则执行 List1. RemoveItem List1. ListIndex 语句的结果是_____。

    A. 移去第一项   B. 移去最后一项

    C. 移去最后加入列表的一项   D. 以上都不对

15. 在下列说法中,正确的是_____。

    A. 通过适当的设置,可以在程序运行期间,让时钟控件显示在窗体上

    B. 在列表框中不能进行多项选择

    C. 在列表框中能够将项目按字母顺序从大到小排列

    D. 框架也有 Click 和 DblClick 事件

16. 将数据项"China"添加到列表框(List)中成为第一项应使用_____语句。

    A. List1. AddItem"China",0   B. List1. AddItem"China",1

    C. List1. AddItem 0,"China"   D. List1. AddItem 1,"China"

17. 不论何种控件,共同具有的是_____属性。

    A. Text   B. Name   C. BackColor   D. Caption

18. 计时器的时间间隔是_____。

    A. 以毫秒计   B. 以分计   C. 以秒计   D. 以小时计

19. 框架内的所有控件是_____。

    A. 随框架一起移动、显示、消失和屏蔽

    B. 不随框架一起移动、显示、消失和屏蔽

    C. 仅随框架一起移动

    D. 仅随框架一起显示和消失

二、判断题

1. 框架好比一个容器。（　　）
2. Timer 是时钟控件的唯一事件。（　　）
3. 单选项和复选框能够响应 Click 事件,但通常不需要编写事件过程。（　　）
4. GotFocus 事件通常用来在焦点移离时进行验证和确认。（　　）
5. Style 为 0 时组合框称为简单组合框。（　　）
6. 当窗体上有多个控件时,一般只有一个控件是当前控件,对控件的所有操作都是针对当前控件进行的。（　　）

三、填空题

1. 将文本框的 ScrollBar 的属性设置为 2(有垂直滚动条),但没有垂直滚动条显示,原因是没有将_____属性设置为 True。

2. 在代码窗口对窗体的 BorderStyle、MaxButton 属性进行了设置,但运行后没有效果,原因是这些属性_____。

3. 在文本框中,通过_____属性能获得当前插入点所在的位置。

4. 想对文本框中已有的内容进行编辑,可是按下键盘上的按键不起作用,原因是设置了_____属性为 True。

5. 在窗体上已建立多个控件如 Text1、Label1 和 Command1,若要使程序一运行时焦点就定位在 Command1 控件上,应对 Command1 控件设置_____属性的值为_____。

6. 将_____属性设置为 1,单选按钮和复选框的标题显示在左边。

7. 列表框中的_____和_____属性是数组。

8. _____方法可清除列表框的所有内容。

9. 滚动条响应的重要事件有_____和_____。

10. 当用户单击滚动条的空白处时,滑块移动的增量值由_____属性决定。

四、上机题

1. 编写一个计时器程序,运行时如下图 5-19 所示。程序启动后,单击"启动"按钮,在窗体上显示时间,并记录当前时间;单击"停止"按钮,窗体相应显示出结束时间和计时时间。

2. 编写程序,演示列表框控件的基本操作。在窗体上建立两个列表框如下图 5-20 所

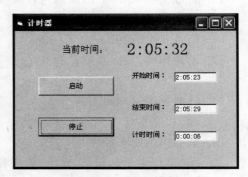

图 5-19　运行效果图

示,程序运行后,在左边的列表框中选择所需要的列表项,单击"添加"按钮,移动到右边的列表框中;单击"移除"按钮,则执行反向操作。

3. 设计一个调色板程序,使用 3 个滚动条作为 3 种颜色的调整工具,要求在拖动滑块时,可以实时显示出当前的颜色情况,当单击"当前颜色按钮"时,能显示出当前颜色的数值,如图 5-21 所示。

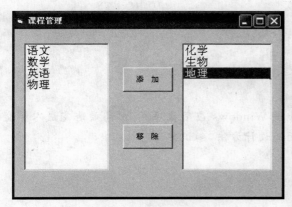

图 5-20　题 2 运行效果图

图 5-21　题 3 运行效果图

第6章 界面设计

本章要点:

Visual Basic 语言能方便快捷地设计出 Windows 应用程序界面,高效地完成人机交互。本章介绍 Visual Basic 语言关于界面的设计方法,知识要点包括:

(1) 菜单编辑器的使用方法;

(2) 基于菜单的编程方法;

(3) 通用对话框控件的使用方法;

(4) 工具栏和状态栏的设计方法。

案例 6-1 菜单设计综合应用示例

【案例效果】

设计菜单综合应用程序,使下拉式菜单控制文本框中文字的字体名称、字形、前景色和背景色,弹出式菜单控制文本框中文字的字号。程序运行效果如图 6-1～图 6-4 所示。程序运行时,在窗体的文本框里输入文字,单击自行设计的菜单栏的"字体"菜单,在下拉菜单中设置字体名称和字形,单击菜单栏的"颜色"菜单,在下拉菜单中设置文本框中文字的前景色和背景色,单击"结束"菜单退出程序,右击窗体,在弹出式菜单中设置文本框中文字的字号。

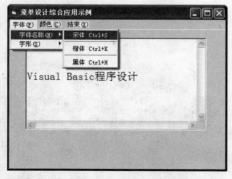
图 6-1 下拉式菜单运行效果图(一)

图 6-2 下拉式菜单运行效果图(二)

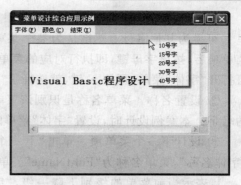

图 6-3 下拉式菜单运行效果图(三) 图 6-4 弹出式菜单运行效果图

通过本案例的学习,可以掌握菜单编辑器的使用方法、菜单项的单击事件代码的编写方法。

【设计过程】

1. 界面设计

(1) 启动 Visual Basic 6.0 后,设置当前窗体的 Caption 属性为"菜单设计综合应用示例"。

(2) 在窗体上拖放一个 Text1 文本框,设置 Text1 的 Text 属性为空;设置 Text1 的 Multiline 属性为 True,使文本框可多行输入;设置 Text1 的 Scrollbars 属性为"3-both",使文本框的水平滚动条和垂直滚动条都可用。如图 6-5 所示。

(3) 设计窗体的下拉式菜单。在 Visual Basic 6.0 集成开发环境中,选择"工具"|"菜单编辑器"菜单项,打开菜单编辑器,在菜单编辑器中设计菜单,如图 6-6 所示。设计过程如下。

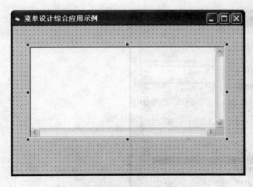

图 6-5 案例设计的初始界面 图 6-6 "字体"菜单设计界面

① 设置标题。标题是程序运行时在菜单中显示的文本,由用户自定义。本案例设计时,在打开的菜单编辑器"标题"文本框中输入"字体"作为菜单标题。

在"标题"文本框中输入标题后，紧跟着输入"(&F)"，可把 F 字母键设置为热键，这里 F 可换为其他字母。热键是为某个菜单项指定的字母键，程序运行时，在显示出有关菜单项后，按该字母键，即执行对应的菜单项。例如在图 6-1 中，程序运行时按 Alt＋F 键可打开"字体"菜单，再按 N 键，就选择了"字体名称"菜单项。

② 设置名称。菜单名称是识别该菜单项的唯一标识，是用来在代码中引用该菜单项的名字。本案例设计时，设置"字体"菜单的名称为"Font"。

③ 设计下一个菜单项。单击"下一个"按钮，建立下一个菜单项。设置菜单标题为"字体名称"，菜单名称为"FontName"。单击"→"按钮，当前菜单项的缩进级前加 4 个点（....），表示当前菜单的级别下降一级，"字体名称"菜单成为"字体"菜单的下一级子菜单项。

菜单编辑器的"←"按钮的功能与"→"按钮相反，单击一次可使当前菜单项的级别上升一级。单击"↑"按钮可使当前菜单的位置上移一位，单击"↓"按钮可使当前菜单的位置下移一位。"插入"和"删除"按钮可插入和删除菜单项。

按照本步介绍的方法分别建立"字体名称"菜单的 3 个子菜单项"宋体"、"楷体"、"黑体"。

④ 设计快捷键和分隔条。在编辑"宋体"菜单项时，单击"快捷键"下拉列表框，选择 Ctrl＋S 为"宋体"菜单项的快捷键。用类似方法设置"楷体"菜单项的快捷键为 Ctrl＋K，设置"黑体"菜单项的快捷键为 Ctrl＋H。快捷键将自动出现在菜单上，要删除快捷键应选择"快捷键"下拉列表框顶部的"(None)"。

需要注意的是，在顶层菜单上不能设置快捷键。

分隔条为菜单项间的一个水平线，当菜单项很多时，可以使用分隔条将菜单项逻辑的划分开。在菜单编辑器中，选择"楷体"菜单，单击"插入"按钮在"宋体"菜单和"楷体"菜单中间插入一个新菜单项，在该菜单的"标题"文本框中输入一个连字符"-"，给该菜单项设置一个名称（如 F1），设置界面如图 6-7 所示，这样即可生成一个分隔条。用类似方法在"楷体"和"黑体"菜单中间插入一个分隔条。运行效果如图 6-1 所示。

图 6-7　分隔条设计界面

⑤ 建立菜单数组。建立"字形"菜单项,使"字形"菜单和"字体名称"菜单的级别相同,然后在"字形"菜单下面建立下一级子菜单项"加粗"和"倾斜",如图 6-8 所示。把"加粗"和"倾斜"两个菜单的名称都设置为"FontS",索引分别设置为 0 和 1,这样这两个菜单就组成菜单数组。引用这两个菜单项时,分别用 FontS(0)和 FontS(1)表示。

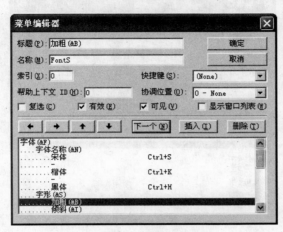

图 6-8 "字形"子菜单项的设计界面

⑥ 建立顶级菜单"颜色",使"颜色"菜单和"字体"菜单的级别相同,然后在"颜色"菜单下面建立下一级子菜单项"前景色"和"背景色"。在"前景色"菜单下面建立子菜单数组"红"、"黄"、"蓝"三个菜单项,它们的名称都设置为"ForeC",索引分别设置为 0、1、2。在"背景色"菜单下面也建立子菜单数组"红"、"黄"、"蓝"3 个菜单项,它们的名称都设置为"BakC",索引分别设置为 0、1、2。设计界面如图 6-9 所示。

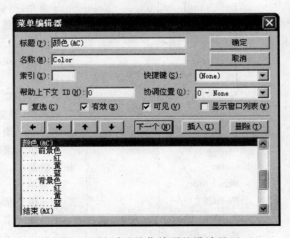

图 6-9 "颜色"子菜单项的设计界面

(4) 设计窗体的弹出式菜单。使用菜单编辑器创建顶级菜单"弹出",设置该菜单项的名称为"Fsize",去掉"可见"复选框前的选中标志"√",使该菜单项不可见。创建"弹出"菜单的下一级子菜单项"10 号字"、"15 号字"、"20 号字"、"30 号字"、"40 号字",设计界面如图 6-10 所示。最好单击菜单编辑器的"确定"按钮,创建的菜单标题将显示在窗体上。到此,该案例的界面设计全部完成,上面设计过程中各菜单项的属性设置详见下面"属性设置"部分。

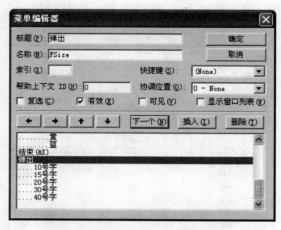

图 6-10　弹出式菜单的设计界面

2. 属性设置

上面界面设计过程中,在菜单编辑器中编辑的各菜单项的属性设置如表 6-1 所示。

表 6-1　属性设置表

标　题	名　称	索引值	说　明
字体(&F)	Font		顶级菜单,热键 F
···. 字体名称(&N)	FontName		子菜单,热键 N
····.宋体	FontNS		下一级子菜单,快捷键 Ctrl+S
····.-	F1		分隔条
····.楷体	FontNK		下一级子菜单,快捷键 Ctrl+K
····.-	F2		分隔条
····.黑体	FontNH		下一级子菜单,快捷键 Ctrl+H
···. 字形(&S)	FontStyle		子菜单,热键 S
···.加粗(&B)	FontS	0	下一级子菜单,热键 B
···.倾斜(&I)	FontS	1	下一级子菜单,热键 I
颜色(&C)	Color		顶级菜单,热键 C
···. 前景色	ForeColor		子菜单
····.红	ForeC	0	下一级子菜单
····.黄	ForeC	1	下一级子菜单
····.蓝	ForeC	2	下一级子菜单
···. 背景色	BackC		子菜单
····.红	BakC	0	下一级子菜单
····.黄	BakC	1	下一级子菜单
····.蓝	BakC	2	下一级子菜单
结束(&X)	Ext		顶级菜单,热键 X

标　题	名　称	索引值	说　明
弹出	FSize		顶级菜单
…. 10 号字	FontSize	0	子菜单
…. 15 号字	FontSize	1	子菜单
…. 20 号字	FontSize	2	子菜单
…. 30 号字	FontSize	3	子菜单
…. 40 号字	FontSize	4	子菜单

3. 代码设计

菜单设计好后,需要为每个菜单项编写事件过程代码。在 Visual Basic 6.0 中,每个菜单项就是一个控件。菜单控件只能识别一个事件,即 Click 事件,当用鼠标单击或键盘选中后按 Enter 键时触发 Click 事件,除分隔条以外的所有菜单对象都能识别 Click 事件。

在 Visual Basic 6.0 设计模式下单击窗体上的最底层的菜单项(如"宋体"菜单项),进入代码编辑窗口,分别为各个最底层的菜单项编写 Click 事件代码:

```
Private Sub FontNH_Click()                          '选中"黑体"菜单项
    Text1.FontName="黑体"
End Sub


Private Sub FontNK_Click()                          '选中"楷体"菜单项
    Text1.FontName="楷体_GB2312"
End Sub


Private Sub FontNS_Click()                          '选中"宋体"菜单项
    Text1.FontName="宋体"
End Sub


Private Sub FontS_Click(Index As Integer)
    '菜单项"加粗"和"倾斜"为菜单数组,依据 Index 值区分
    FontS(Index).Checked=Not FontS(Index).Checked   '运行时改变菜单项的复选标志
    Select Case Index
        Case 0
        Text1.FontBold=FontS(Index).Checked
        Case 1
        Text1.FontItalic=FontS(Index).Checked
    End Select
End Sub


Private Sub ForeC_Click(Index As Integer)           '设置前景色
    Select Case Index
        Case 0
```

```
            Text1.ForeColor=vbRed
            Case 1
            Text1.ForeColor=vbYellow
            Case 2
            Text1.ForeColor=vbBlue
        End Select
    End Sub


    Private Sub BakC_Click(Index As Integer)          '设置后景色
        Select Case Index
            Case 0
            Text1.BackColor=vbRed
            Case 1
            Text1.BackColor=vbYellow
            Case 2
            Text1.BackColor=vbBlue
        End Select
    End Sub


    Private Sub FontSize_Click(Index As Integer)          '弹出式菜单的字号设置
        Select Case Index
            Case 0
            Text1.FontSize=10
            Case 1
            Text1.FontSize=15
            Case 2
            Text1.FontSize=20
            Case 3
            Text1.FontSize=30
            Case 4
            Text1.FontSize=40
        End Select
    End Sub


    Private Sub Form_MouseUp(Button As Integer,Shift As Integer,X As Single,Y As Single)
        '在窗体上右击鼠标并释放,弹出 FSize 的子菜单
        If Button=2 Then
            PopupMenu FSize
        End If
    End Sub


    Private Sub Ext_Click()          '退出程序
        End
    End Sub
```

【相关知识】

1. 菜单的分类

菜单是图形化界面的一个必不可少的组成元素,通过对菜单按功能分组,使用户能更方便直观地访问菜单,进行更有效的人机对话。在 Visual Basic 6.0 中,每个菜单项都是一个控件,和其他控件一样,用户可以设置菜单控件的各种属性和事件代码。

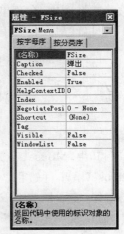

用户通过菜单编辑器可以快捷地设计出下拉式菜单和弹出式菜单。

2. 菜单的一些属性说明

当菜单在菜单编辑器中被创建出来后,在属性窗口中也可以设置各个菜单对象的属性。如图 6-11 所示,在属性窗口的名称下拉列表框中选择一个菜单对象,然后在下面窗口设置菜单的各个属性。

(1) Enabled 属性。使菜单项有效或无效的属性,属性默认值为 True(有效)。当 Enabled 属性设为 False 时,菜单项会变暗,菜单命令无效,快捷键也无效。上级菜单无效使得整个下拉菜单也无效。

图 6-11　菜单的属性
　　　　　设置界面

可在程序运行时改变菜单的 Enabled 属性,例如:

```
FSize.Enabled=False
```

(2) Checked 属性。用于设置菜单的复选标志,如果 Checked 属性为 True 表示在下拉菜单项前面含有复选标志,若为 False 则表示无复选标志。若某菜单项有复选标志,再选时希望无复选标志,除在设计时设置该菜单项具有复选标志功能外,还必须在相应事件过程中写入如下代码:

```
菜单名.Checked=Not 菜单名.Checked
```

(3) Visible 属性。默认值为 True,若设置为 False,则菜单项不可见。

3. 弹出式菜单的说明

弹出式菜单也叫快捷菜单,是右击时弹出的菜单,任何至少有一个子菜单项的菜单都可以作为弹出式菜单。

创建弹出式菜单的步骤如下:

(1) 使用菜单编辑器创建带有子菜单项的顶级菜单。

(2) 使顶级菜单不可见。在菜单编辑器中去掉该顶级菜单"可见"复选框前的选中标志"√",或者设置该菜单的 Visible 属性为 False。

(3) 编写相应与弹出式菜单相关联的 MouseUp(释放鼠标)事件代码,需要使用对象的 PopupMenu 方法显示该菜单。

PopupMenu 方法的语法格式如下:

[对象.]PopupMenu 菜单名[,位置常数[,横坐标[,纵坐标]]]

其中,位置常数主要有以下几个。

① vbPopupMenuLeftAlign:默认参数,用横坐标位置定义该弹出式菜单的左边界。

② vbPopupMenuCenterAlign:弹出式菜单以横坐标位置为中心。

③ vbPopupMenuRightAlign:用横坐标位置定义该弹出式菜单的右边界。

本案例中,在菜单编辑器设计出顶级菜单"弹出"及其子菜单项后,把"弹出"菜单设为不可见,然后在代码编辑器中编写如下事件代码:

```
Private Sub Form_MouseUp(Button As Integer,Shift As Integer,X As Single,Y As Single)
    If Button=2 Then
        PopupMenu FSize
    End If
End Sub
```

其中,MouseUp 为鼠标事件,当鼠标在窗体上被单击并释放后,执行上面的 Form_MouseUp 事件过程。Button 参数表示是哪个鼠标键被按下或释放,当 Button 参数取 2 的时候,表示被按下或释放的是右键。调用 PopupMenu 方法后弹出名称为 FSize 的子菜单,但顶级菜单项 FSize 不显示。直到菜单中被选取一项或者取消这个菜单时,调用 PopupMenu 方法后面的代码才会运行。

案例 6-2　通用对话框综合应用示例

【案例效果】

设计通用对话框综合应用程序。程序运行界面如图 6-12 所示,当单击"打开"按钮时,弹出如图 6-13 所示的"打开对话框",在该对话框中选择一个文本文件(如 str1.txt),

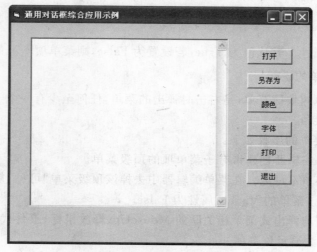

图 6-12　案例运行主界面

单击"打开"按钮,文本文件(str1.txt)的内容在主界面的文本框中被打开,如图 6-14 所示。在窗体上单击"另存为"按钮,打开如图 6-15 所示的"另存为对话框",在对话框的文件名列表框中输入文件的保存名称,如 str2,把文本框中的文本内容保存到 D:盘根目录下的 str2.txt 文本文件中。在窗体上单击"颜色"按钮,打开如图 6-16 所示的调色板,在调色板中选择一种颜色(如浅灰色),单击"确定"按钮,设置窗体文本框的背景色为浅灰色,如图 6-17 所示。在窗体上单击"字体"按钮,打开如图 6-18 所示的"字体"对话框,在"字体"对话框中设置文本框中文字的大小、字形等,单击"确定"按钮后设置生效。最后单击"打印"按钮,打开"打印"对话框,可以在里面设置要打印文档的各种信息,单击"退出"按钮,退出当前程序。

图 6-13　打开对话框

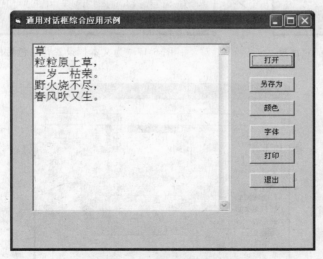

图 6-14　打开一个文件后的界面

图 6-15　另存为对话框

图 6-16　"颜色"对话框

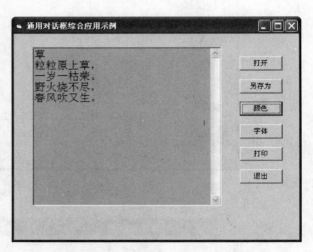

图 6-17　为文本框设置背景色后的界面

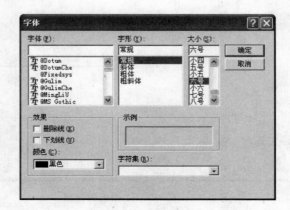

图 6-18　"字体"对话框

通过本案例的学习,可以掌握通用对话框的各种使用方法。

【设计过程】

1. 界面设计

(1) 启动 Visual Basic 6.0 后,设置当前窗体的 Caption 属性为"通用对话框综合应用示例"。

(2) Visual Basic 6.0 的通用对话框控件(CommonDialog)不是内部标准控件,需要手动添加到工具箱里。添加方法:右击工具箱,选择"部件"菜单项打开"部件"对话框,从"控件"选项卡列表中选中 Microsoft Common Dialog Control 6.0 前面的复选框,然后单击"确定"按钮。此时,在工具箱中便能看到 CommonDialog 控件的图标⊡。

(3) 在窗体上拖放一个 CommonDialog 控件。

(4) 在窗体上拖放一个文本框和 6 个命令按钮,布局如图 6-19 所示。

图 6-19 案例设计界面

2. 属性设置

上面界面设计过程中,窗体及窗体上各对象的属性设置如表 6-2 所示。

表 6-2 属性设置表

对象	属性	属性值	对象	属性	属性值
窗体	Name	Form1	命令按钮 1	Name	cmdopen
窗体	Caption	"通用对话框综合应用示例"	命令按钮 1	Caption	"打开"
通用对话框	Name	cd1	命令按钮 2	Name	cmdsave
文本框	Name	Text1	命令按钮 2	Caption	"另存为"
文本框	Text	""	命令按钮 3	Name	cmdcolor
文本框	Multiline	True	命令按钮 3	Caption	"颜色"
文本框	Scrollbars	2-vertical	命令按钮 4	Name	cmdfont

对　象	属　性	属　性　值	对　象	属　性	属　性　值
命令按钮 4	Caption	"字体"	命令按钮 6	Name	cmdend
命令按钮 5	Name	cmdprinter	命令按钮 6	Caption	"退出"
命令按钮 5	Caption	"打印"			

3. 代码设计

在设计模式下单击窗体上的命令按钮,为各个命令按钮编写 Click 事件过程代码。

```
Private Sub cmdcolor_Click()
    cd1.ShowColor                              '或 cd1.Action=3
    Text1.BackColor=cd1.Color
End Sub


Private Sub cmdfont_Click()
    cd1.Flags=CdlCFScreenFonts Or CdlCFEffects
    cd1.Min=1
    cd1.Max=60
    cd1.ShowFont                               '或 cd1.Action=4
    Text1.FontName=cd1.FontName
    Text1.FontSize=cd1.FontSize
    Text1.FontBold=cd1.FontBold
    Text1.FontItalic=cd1.FontItalic
    Text1.FontUnderline=cd1.FontUnderline
    Text1.FontStrikethru=cd1.FontStrikethru
End Sub


Private Sub cmdopen_Click()
    Dim instr1 As String
    cd1.DialogTitle="打开对话框"
    cd1.InitDir="D:\"
    cd1.Filter="WORD 文档(＊.doc)|＊.doc|文本文件(＊.txt)|＊.txt|所有文件(＊.＊)|＊.＊"
    cd1.FilterIndex=2
    Text1.Text=""
    cd1.ShowOpen                               '或 cd1.Action=1
    Open cd1.FileName For Input As #1
    Do While Not EOF(1)
    Line Input #1,instr1
    Text1.Text=Text1.Text & instr1 & vbCrLf    'vbCrLf 表示回车换行符的系统常量
    Loop
    Close #1
End Sub
```

```
Private Sub cmdprinter_Click()
    Dim i As Integer
    cd1.ShowPrinter                        '或 cd1.Action=5
    For i=1 To cd1.Copies
    Printer.Print Text1.Text
    Next i
    Printer.EndDoc
End Sub

Private Sub cmdsave_Click()
    Dim instr1 As String
    cd1.DialogTitle="另存为对话框"
    cd1.InitDir="D:\"
    cd1.Filter="WORD文档(*.doc)|*.doc|文本文件(*.txt)|*.txt|所有文件(*.*)|*.*"
    cd1.FilterIndex=2
    cd1.DefaultExt="*.txt"
    cd1.ShowSave                           '或 cd1.Action=2
    Open cd1.FileName For Output As #2
    Print #2,Text1.Text
    Close #2
End Sub

Private Sub Command1_Click()
    End
End Sub
```

【相关知识】

1. 通用对话框控件介绍

Visual Basic 6.0 的通用对话框控件(CommonDialog)提供了一组基于 Windows 的标准对话框界面。使用通用对话框可以减少编程的工作量。通用对话框有 6 种类型："打开"对话框、"另存为"对话框、"字体"对话框、"颜色"对话框、"打印"对话框和"帮助"对话框等。通过调用通用对话框控件的 Show 方法或设置其 Action 属性可以显示指定类型的对话框。Action 属性和 Show 方法的具体取值说明如表 6-3 所示。

表 6-3 Action 属性和 Show 方法使用说明

Action 属性	Show 方法	说　明	Action 属性	Show 方法	说　明
1	ShowOpen	打开"打开"对话框	4	ShowFont	打开"字体"对话框
2	ShowSave	打开"另存为"对话框	5	ShowPrinter	打开"打印"对话框
3	ShowColor	打开"颜色"对话框	6	ShowHelp	打开"帮助"对话框

例如,本案例中打开"打开"对话框有下面两种方法:

```
cd1.ShowOpen
```

或

```
cd1.Action=1
```

打开"另存为"对话框有下面两种方法：

```
cd1.ShowSave
```

或

```
cd1.Action=2
```

2. "打开"和"另存为"对话框

"打开"和"另存为"对话框为用户提供了一个标准的文件打开和保存界面，由于两种对话框具有很多相同的属性，因此放到一起介绍。表 6-4 列出了"打开"和"另存为"对话框常用的属性及说明。

表 6-4　"打开"和"另存为"对话框常用的属性及描述

属　　性	说　　明
DialogTitle	用于设置对话框的标题
FileName	用于返回或设置用户要打开或保存的文件名（含路径）
FileTitle	用于返回或设置用户要打开或保存的文件名（不含路径）
InitDir	用于确定初始化打开或保存文件的路径
Filter	用于设置打开文件类型或保存文件类型列表框中显示的文件类型
FilterIndex	用于设置对话框中默认过滤器的索引
DefaultExt	用于确定保存文件的默认扩展名
CancelError	用于确定用户在与对话框信息交换时，按下"取消"按钮是否产生出错信息

参照案例对上述属性的用法说明如下。

（1）FileName 属性。字符型，用于返回或设置用户要打开或保存的文件名（含路径）。例如本案例，当单击窗体上的"打开"按钮执行 cmdopen_Click() 过程代码时，在打开的如图 6-13 所示窗口中选择 str1 文本文件并单击其中的"打开"按钮，则 cd1 的 FileName 属性被自动设置为字符串"D:\str1"。FileTitle 属性则是在运行阶段用户选定的文件名或在"文件名"文本框中输入的文件名，不包含文件的路径。

（2）InitDir 属性。字符型，用于确定初始化打开或保存文件的路径。例如：

```
cd1.InitDir="D:\"
```

把 D:盘的根目录作为打开或保存文件的路径，如果不设置初始化路径或指定的路径不存在，系统则默认为"C:\My Documents\"。

（3）Filter 属性。用于设置打开文件类型或保存文件类型列表框中显示的文件类型。Filter 属性设置的格式如下：

文件描述符 | 过滤器 | 文件描述符 | 过滤器…

例如：

```
cd1.Filter="WORD文档(＊.doc)|＊.doc|文本文件(＊.txt)|＊.txt|所有文件(＊.＊)|＊.＊"
```

上面代码的作用是将"打开"或"另存为"对话框里的文件类型设置为"WORD 文档（＊.doc)"、"文本文件（＊.txt)"、"所有文件（＊.＊)"3 种类型，如图 6-20 所示。其中，将"WORD 文档（＊.doc)"、"文本文件（＊.txt)"、"所有文件（＊.txt)"称为文件描述符，将"＊.doc"、"＊.txt"、"＊.＊"称为过滤器，过滤器真正起到过滤文件的作用，文件描述符和过滤器之间的竖杠"|"称为管道符。

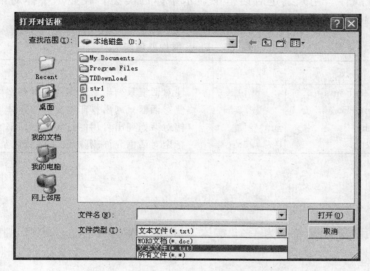

图 6-20 "打开对话框"文件类型展示图

（4）FilterIndex 属性。用于设置对话框中默认过滤器的索引。例如：

```
cd1.Filter="WORD文档(＊.doc)|＊.doc|文本文件(＊.txt)|＊.txt|所有文件(＊.＊)|＊.＊"
cd1.FilterIndex=2
```

两行代码的作用是把"打开"或"另存为"对话框里的文件类型设置为"WORD 文档（＊.doc)"、"文本文件（＊.txt)"、"所有文件（＊.＊)"3 种类型，其中第二种类型"文本文件（＊.txt)"类型设为默认类型，如图 6-20 所示。

（5）DefaultExt 属性。用于确定保存文件的默认扩展名。例如：

```
cd1.DefaultExt="＊.txt"
```

将"另存为"对话框文件保存类型默认为 ＊.txt 文本类型。

3. "颜色"对话框

"颜色"对话框为用户提供了一个标准的调色板界面。可以用下面两种方法打开通用对话框 cd1 的"颜色"对话框：

```
cd1.ShowColor
```

或

```
cd1.Action=3
```

cd1.Color 表示通用对话框 cd1 的 Color 属性,它是用户在"颜色"对话框中选择的颜色值。

4."字体"对话框

"字体"对话框为用户提供了一个标准的字体设置界面,如图 6-18 所示,通过该对话框用户可以设置字体名称、字体大小、字体效果、字体颜色等。

(1) Flags 属性。用来确定对话框中显示字体的类型。在显示字体对话框前必须设置该属性,否则会发生不存在字体的错误。该属性的设置如表 6-5 所示。

表 6-5 **Flags 属性取值表**

系 统 常 数	取　值	说　明
CdlCFScreenFonts	1	使对话框只列出系统支持的屏幕字体
CdlCFPrinterFonts	2	使对话框只列出打印机支持的字体
CdlCFBoth	3	使对话框列出可用的打印机和屏幕字体
CdlCFEffects	256	指定对话框允许删除线、下划线以及颜色效果

例如:

```
cd1.Flags=CdlCFScreenFonts Or CdlCFEffects
```

该语句使用 Or 运算符来为一个"字体"对话框设置多个标志。也可以用下面的方法设置:

```
cd1.Flags=1+256
```

(2) Min、Max 属性:确定字体大小的选择范围最小为 Min,最大为 Max,单位为点(point)。

(3) FontName、FontSize、FontBold、FontItalic、FontUnderline、FontStrikethru 属性表示通用对话框的字体名称、字号、粗体、斜体、下划线和删除线属性,用法和标准控件的字体属性相同。在"字体"对话框中,如果在"字形"中选择了"粗体",则 FontBold 属性便会为 True;如果选择了"斜体",则 FontItalic 属性便会为 True;如果选择"常规",则 FontBold 和 FontItalic 属性都会为 False;而如果选择了"粗斜体",则 FontBold 和 FontItalic 属性都会为 True。

5."打印"对话框

关于"打印"对话框的常用属性,可以参考表 6-6。

表 6-6 **"打印"对话框的常用属性**

属　性	说　明	属　性	说　明
Copies	用于设置打印份数	FromPage	用于设置要打印的起始页数
Min	用于设置可打印的最小页数	ToPage	用于设置要打印的终止页数
Max	用于设置可打印的最大页数	Orientation	用于确定是纵向还是横向打印文档

调用"打印"对话框的语句可以写为：

```
cd1.ShowPrinter
```

或

```
cd1.Action=5
```

6. "帮助"对话框

"帮助"对话框是一个标准的帮助窗口，可以用于制作应用程序的在线帮助。注意，"帮助"对话框本身不能制作应用程序的帮助文件，它只是将已经制作好的帮助文件打开与界面相连，从而达到显示并检索帮助信息的目的。

调用"帮助"对话框的语句可以写为：

```
cd1.ShowHelp
```

或

```
cd1.Action=6
```

7. 文件操作

在 Visual Basic 6.0 中，根据文件的结构和访问方式，可将文件分为 3 类：顺序文件、随机文件和二进制文件。本案例中主要涉及顺序文件的读写操作，下面简单介绍。

(1) 打开顺序文件。在对文件进行操作之前，必须打开文件，同时应该通知操作系统对文件进行读操作还是写操作。其语法格式如下：

```
Open 文件名 For 模式 [访问方式][Lock] As [# ]文件号 [Len=记录长度]
```

其中，模式是说明文件的打开方式，对顺序文件而言，有 3 种模式。

① Output(输出)：将数据从内存输出到文件(写文件)。

② Input(输入)：将数据从文件调入内存(读文件)。

③ Append(添加)：将数据添加在文件尾部。

例如案例中语句：

```
Open cd1.FileName For Input As #1
```

作用是以读取方式把 cd1.FileName 打开。

案例中语句：

```
Open cd1.FileName For Output As #2
```

作用是以写入方式把 cd1.FileName 打开。

(2) 读取顺序文件。以案例中语句行为例：

```
Do While Not EOF(1)
Line Input #1,instr1
```

```
Text1.Text=Text1.Text & instr1 & vbCrLf          'vbCrLf 表示回车换行符的系统常量
Loop
```

分析：

EOF()函数返回一个表示文件指针是否到达文件末尾的标志。如果到了文件末尾，EOF()函数返回 True(-1)，否则返回 False(0)。

Line Input 语句逐行读取♯1 文件的数据信息并赋值给 instr1 字符串变量。

上面循环语句的作用是将已经以 Input 模式打开的♯1 文件数据逐行赋值给 instr1 字符串变量，再通过 instr1 赋值给 Text1. Text 属性，达到最终把整个♯1 文件的数据信息放到文本框 Text1 上的目的。

（3）写入顺序文件。案例中有如下语句：

```
Print #2,Text1.Text
```

作用是将文本框 Text1 中的文本信息整体写入到♯2 所代表的文件中。

8. 对单击"取消"按钮的处理

所有类型的对话框中都有一个"取消"按钮。如果单击"取消"按钮，就应该提前结束事件过程，这样会避免出现错误。本案例中存在这样的错误，在 cmdcolor_Click()事件过程中，当单击"颜色"对话框中的"取消"按钮时，背景颜色不变才是正确的，但执行本案例时，文本框的背景颜色变成了黑色，原因是即使单击了"取消"按钮，程序依旧向下执行第2条语句，即将默认颜色（黑色）赋值给了文本框的 backcolor 属性。下面修改 cmdcolor_Click()事件过程代码如下：

```
Private Sub cmdcolor_Click()
    cd1.CancelError=True
    On Error GoTo Errhandler
    cd1.ShowColor                          '或 cd1.Action=3
    Text1.BackColor=cd1.Color
    Errhandler:
End Sub
```

程序中通用对话框控件的 CancelError 属性为逻辑值，表示用户在与对话框进行信息交换时，单击"取消"按钮时是否产生出错信息。当该属性设置为 True 时，无论何时单击"取消"按钮，都将出现错误警告，当该属性设置为 False（默认）时，单击"取消"按钮没有错误警告。上面修改后的 cmdcolor_Click()事件过程代码被执行时，当用户单击"取消"按钮时，就会产生一个错误警告，程序中的捕获这一错误的语句是：

```
On Error GoTo errhandler
```

该语句的作用是出现错误警告立即跳转到 Errhandler 标号处，这样执行程序时就跳过了不该执行的语句。其他对话框的"取消"按钮问题，也可以用这种方法解决，请读者自己思考如何修改相应的程序代码。

案例 6-3　工具栏和状态栏综合应用示例

【案例效果】

在案例 6-2 的基础上，设计工具栏和状态栏综合应用案例。程序运行时界面如图 6-21 所示，窗体工具栏处依次放置"打开"、"另存为"、"颜色"、"字体"和"打印"按钮，当单击上述按钮时，执行效果和单击窗体上已有的相应名称的命令按钮相同。如单击工具栏上的"打开"按钮和单击窗体上的"打开"命令按钮效果一样。窗体下端的状态栏上显示当前日期和时间。

图 6-21　工具栏和状态栏综合应用示例运行界面

通过本案例的学习，可以掌握工具栏和状态栏的基本使用方法。

【设计过程】

1. 界面设计

（1）打开 6.2 节案例的工程文件和窗体，修改窗体的 Caption 属性为"工具栏和状态栏综合应用示例"。

（2）右击工具箱，从弹出的快捷菜单中选择"部件"命令，打开"部件"对话框，在"控件"选项卡中选择 Microsoft Windows Common Control 6.0，然后单击"确定"按钮退出，则在工具箱中出现 Toolbar ⊿、ImageList ▣ 和 StatusBar ☰ 控件。

（3）设置 Toolbar 控件。从工具箱中选择 Toolbar 控件，将其加入到当前窗体中，并使用其默认名称 Toolbar1；右击窗体上的 Toolbar1，从快捷菜单中选择"属性"，打开"属性页"对话框；单击"属性页"对话框的"按钮"选项卡，如图 6-22 所示，在该选项卡中单击"插入按钮"按钮，插入索引为 1 的一个按钮，再次单击会插入索引为 2 的按钮，重复此步骤插入 5 个按钮,索引值分别为 1、2、3、4、5;对索引为 1 的按钮,在"工具提示文本"文本框中输入"打开",依次对后面各索引对应的按钮,在其"工具提示文本"文本框输入"另存为"、"颜色"、"字体"、"打印",则当程序运行时,把鼠标停留在工具栏按钮上时,会自动显示该按钮对应的"工具提示文本"信息。

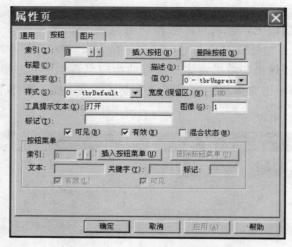

图 6-22　Toolbar1 的"按钮"选项卡

　　(4) 设置 ImageList 控件。从工具箱中选择 ImageList 控件,将其加入到当前窗体中,并使用其默认名称 ImageList1;右击窗体上的 ImageList1,从快捷菜单中选择"属性",打开"属性页"对话框;如图 6-23 所示,在"通用"选项卡中选择图标大小为 32×32;如图 6-24 所示,在"图像"选项卡中单击"插入图片"按钮,在弹出的"选定图片"对话框中选择位图文件插入,重复此步骤插入 5 个图片。

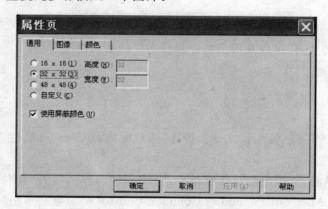

图 6-23　ImageList1 的"通用"选项卡

　　(5) 将 Toolbar 控件和 ImageList 控件相关联。右击 Toolbar1,从弹出的快捷菜单中选择"属性"菜单项,打开"属性页"对话框,选择"通用"选项卡,在"图像列表"栏里选择 ImageList1,如图 6-25 所示;下面给快捷按钮加位图文件,选择"按钮"选项卡,在图 6-22 所示的对话框中,当"索引"为 1 时,在"图像"文本框中输入"1",使图像值与索引值相同,

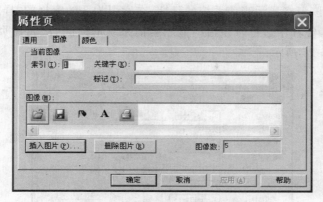

图 6-24 ImageList1 的"图像"选项卡

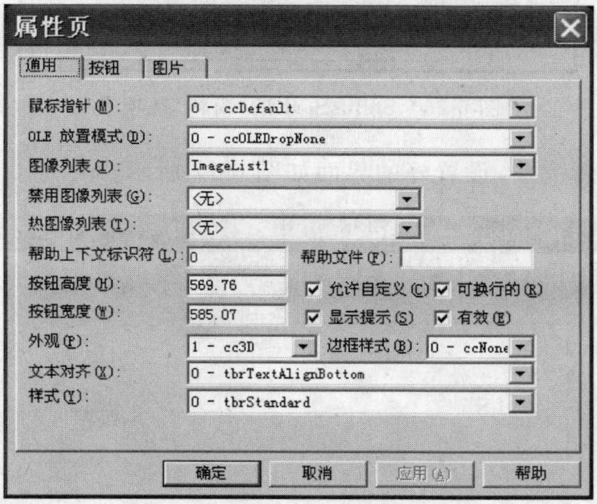

图 6-25 Toolbar1 的"通用"选项卡

重复此步骤分别设置索引值为 2、3、4、5 的按钮所对应的图像。属性设置如表 6-7 所示。

表 6-7 Toolbar1 的"按钮"选项卡属性设置表

索引	样式	工具提示文本	图像	索引	样式	工具提示文本	图像
1	tbrDefault	打开	1	4	tbrDefault	字体	4
2	tbrDefault	另存为	2	5	tbrDefault	打印	5
3	tbrDefault	颜色	3				

（6）设置 StatusBar 控件。从工具箱中选择 StatusBar 控件,将其加入到当前窗体中,并使用其默认名称 StatusBar1,StatusBar1 会自动放置在窗体的底端;右击 StatusBar1,从弹出的快捷菜单中选择"属性"菜单项,打开"属性页"对话框;选择"窗格"选项卡,在其中单击"插入窗格"按钮,插入窗格,重复此操作使状态栏生成 5 个窗格,这些窗格的索引值依次为 1、2、3、4、5;在索引为 1 的窗格的"文本"文本框中输入"状态栏",使程序运行时该窗格处显示"状态栏"三个字;在索引为 2 的窗格的"样式"下拉列表框选择"6-sbrDate"

值,使程序运行时该窗格显示当前系统的日期;在索引为 3 的窗格的"样式"下拉列表框选择"5-sbrTime"值,使程序运行时该窗格显示当前系统的时间。"属性页"的"窗格"选项卡设置窗口如图 6-26 所示。

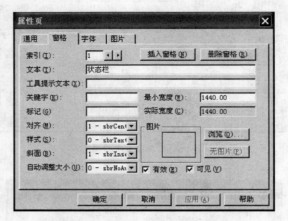

图 6-26　StatusBar1 的"窗格"选项卡

本案例的界面设置完毕,设置好的界面如图 6-27 所示。

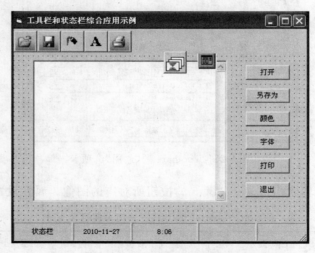

图 6-27　工具栏和状态栏综合应用示例设计界面

2. 代码设计

设计好案例的界面后,双击工具栏的快捷按钮,在代码窗口中编写工具栏快捷按钮的事件过程如下:

```
Private Sub Toolbar1_ButtonClick(ByVal Button As MSComctlLib.Button)
    Select Case Button.Index
        Case 1
        Call cmdopen_Click                '调用"打开"命令按钮的 Click 事件过程
        Case 2
```

```
            Call cmdsave_Click              '调用"另存为"命令按钮的 Click 事件过程
            Case 3
            Call cmdcolor_Click             '调用"颜色"命令按钮的 Click 事件过程
            Case 4
            Call cmdfont_Click              '调用"字体"命令按钮的 Click 事件过程
            Case 5
            Call cmdprinter_Click           '调用"打印"命令按钮的 Click 事件过程
        End Select
    End Sub
```

分析：程序运行时单击工具栏的快捷按钮时触发上述事件过程。Toolbar 控件包含一个按钮（Button）对象的集合，各个按钮（Button）对象由 Button.Index 属性值区分，当单击某个快捷按钮时，该快捷按钮的 Button.Index 值被传递给上述 Toolbar1_ButtonClick 事件过程，程序依据 Button.Index 值判断用户单击了哪个按钮并调用对应的命令按钮的 Click 事件过程。

【相关知识】

1. ImageList 控件介绍

ImageList 控件的作用就像图像的储藏室。ImageList 控件不能独立使用，它可以和 Toolbar 控件配合使用，由 Toolbar 控件显示其所存储的图像。在设计时，可在 ImageList 的"属性页"里添加图像，按照顺序将需要的图像插入 ImageList 中。注意，一旦 ImageList 控件关联到其他控件，就不能再删除或插入图像了。

2. Toolbar 控件中按钮的样式

Toolbar 控件由按钮（Button）对象的集合构成。按钮对象一个很重要的属性是样式（Style）属性，样式（Style）属性决定了按钮的行为特点。样式在图 6-22"属性页"的"按钮"选项卡中设置，表 6-8 列出了 5 种按钮样式及说明。

表 6-8　Toolbar 控件中按钮的样式

系 统 常 数	取　值	说　　明
tbrDefault	0	普通按钮，按钮按下后会自动地弹回
tbrCheck	1	开关按钮，按钮按下后保持按下状态
tbrButtonGroup	2	编组按钮，一组功能同时只能有一个有效
tbrSeparator	3	分隔按钮，分隔符样式的按钮
tbrPlaceholder	4	占位按钮，在 Toolbar 控件中占据一定位置
tbrDropdown	5	下拉式按钮，呈按钮菜单的样式

本 章 小 结

本章主要介绍了用 Visual Basic 语言设计界面的方法，主要包括菜单编辑器的使用方法、基于菜单的编程方法、通用对话框控件的使用方法、工具栏和状态栏的设计方法。

熟练掌握上述界面设计方法,有助于设计出友好的人机交互界面。

习 题 6

一、简答题

1. 在设计菜单时,如何在菜单编辑器里给菜单项添加快捷键和热键?

2. 描述弹出式菜单的设计过程。

3. 如何把通用对话框控件(CommonDialog)添加到工具箱里? 通用对话框控件提供了哪些标准的操作对话框? 这些对话框是如何调用的?

4. 描述工具栏和状态栏的设计过程。

二、上机题

设计一个简单的"记事本"应用程序,要求:菜单栏包括"文件"、"编辑"、"格式"、"退出"4 个一级菜单项,其中"文件"菜单包括"打开"、"另存为"、"退出"3 个子菜单项,"编辑"菜单包括"复制"、"剪切"、"粘贴"3 个子菜单项,"格式"菜单包括"字体"、"对齐方式"2 个子菜单项,"对齐方式"菜单项又包含"左对齐"、"右对齐"、"居中"3 个 3 级菜单项。设计界面如图 6-28 所示。

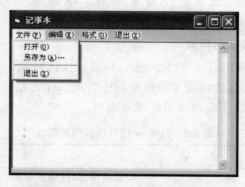

图 6-28 "记事本"应用程序设计界面

第7章 文件操作

本章要点：

本章介绍 Visual Basic 程序设计中文件操作的基本知识，要点包括：

(1) Visual Basic 文件系统的基本概念；

(2) 文件系统控件的使用；

(3) 顺序文件、随机文件和二进制文件的特点和基本操作；

(4) 与文件操作有关的常用语句、函数的使用。

案例 7-1 文 件 浏 览

【案例效果】

利用文件系统控件、组合框、文本框，设计一个文件管理系统。组合框用于限定文件列表框中显示文件的类型。当在文件列表框中双击某个文件时，在文本框显示出该文件的内容。运行效果如图 7-1 所示。

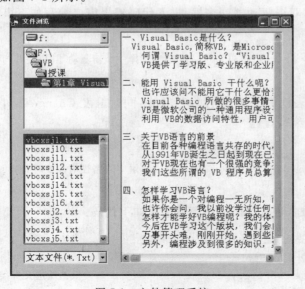

图 7-1　文件管理系统

通过本案例的学习,可以掌握文件系统基本概念、文件系统控件的使用等基本知识。

【设计过程】

1. 界面设计

(1) 启动 Visual Basic 6.0,在"新建工程"窗口选择新建一个"标准 EXE"工程,单击"打开"按钮自动出现一个新窗体。

(2) 使用工具箱上的驱动器列表框(DriveListBox)控件、目录列表框(DirListBox)控件、文件列表框(FileListBox)控件、组合框(ComboBox)控件和文本框(TextBox)控件建立一个文件浏览器,程序界面如图 7-1 所示。

2. 属性设置

各控件的主要属性设置如表 7-1 所示。

表 7-1   属性设置表

控　　件	属性(属性值)	属性(属性值)	属性(属性值)
窗体	Name(Form1)	Caption("文件浏览")	
驱动器列表框	Name(Drive1)		
目录列表框	Name(Dir1)		
文件列表框	Name(File1)		
组合框	Name(CboFileType)	Style(2)	
文本框·	Name(Text1)	MultiLine(True)	ScrollBox(3)

3. 代码设计

Form1 窗体各对象的事件过程代码编写如下。

(1) 当用户在驱动器列表框选择一个新的驱动器盘符后,Drive1 的 Drive 属性改变,触发 Change 事件,双击驱动器列表框,进入代码编辑窗口编写如下事件过程代码:

```
Private Sub Drive1_Change()
    Dir1.Path=Drive1.Drive        '当选择一个新驱动器时,使其与目录列表框同步
End Sub
```

(2) 当目录列表框 Path 的属性发生改变,同时触发 Change 事件,双击目录列表框,进入代码编辑窗口编写代码:

```
Private Sub Dir1_Change()
    File1.Path=Dir1.Path          '当目录中的路径值改变时,使其与文件列表框同步
End Sub
```

(3) 双击组合框,进入代码编辑窗口编写如下代码:

```
Private Sub CboFileType_Click()
    Dim FileType As String
    Select Case CboFileType.Text              '根据所选文件类型显示文件
        Case "所有文件(*.*)"
```

```
              FileType="*.*"
        Case "word 文档(*.Doc)"
              FileType="*.Doc"
        Case "文本文件(*.Txt)"
              FileType="*.Txt"
     End Select
     File1.Pattern=FileType
End Sub
```

(4) 双击文件列表框,进入代码窗口编写如下事件过程代码:

```
Private Sub File1_DblClick()
    Dim s As String,path As String
    Text1.Text=""
    If Right(Dir1.path,1)="\" Then
        FilePath=Dir1.path & File1.FileName       ''当前选定的目录是根目录
    Else
        FilePath=Dir1.path & "\" & File1.FileName
                                       '当选定的目录是子目录,子目录与文件名之间要加"\"
    End If
    Open FilePath For Input As #1                 '打开文件
    Do While Not EOF(1)                           '读入文件,并显示在文本框中
        Line Input #1,s
        Text1.Text=Text1.Text+s+vbCrLf
    Loop
    Close #1                                      '关闭文件
End Sub
```

(5) 双击窗体本身,进入代码窗口编写如下事件过程代码:

```
Private Sub Form_Load()                           '初始化组合列表框
    CboFileType.AddItem                           "所有文件(*.*)"
    CboFileType.AddItem                           "文本文件(*.Txt)"
    CboFileType.AddItem                           "word 文档(*.Doc)"
End Sub
```

【相关知识】

1. 文件简介

文件是计算机存储在外部介质上数据的集合。计算机操作系统都是以文件为单位进行数据管理的。对文件进行查找需要依赖于驱动器名称、目录名及文件名,查找到文件后才能进行文件数据的读写等操作。

记录是组成文件数据的基本单位,它是由一组具有共同属性并相互关联的数据项所组成。

根据计算机对文件数据的存放方式,可将文件分成 3 种类型:顺序文件、随机文件和

二进制文件。

（1）顺序文件。顺序文件即普通文件。顺序文件中的记录按顺序一个接一个地排列，只提供第一个记录的存储地址。对文件进行读写时，都必须按记录顺序逐个进行，即必须从头一个一个地读取，直到要找的记录位置。顺序文件中的每一行字符串就是一条记录，每条记录的长度不固定，并且记录之间是以"换行"字符为分隔符的。

顺序文件的优点是存储结构简单，容易使用；缺点是如果要修改记录，必须将文件的所有数据读入到计算机内存中进行修改，然后再将修改好的数据重新写入磁盘。由于数据是顺序排列，无法灵活随意存取，所以它适用于有规律、不经常修改的数据。

（2）随机文件。随机文件相比顺序文件可以按任意次序读写，但每个记录的长度必须相同。在随机文件中每一个记录都有一个记录号，在读取数据时，只需指明是第几个记录号，便可以直接读取记录，并且可以同时进行输入输出操作。随机文件的数据是作为二进制信息存储的。它的优点是存入和读取数据速度快，数据容易更新；缺点是占用空间大，程序设计较复杂。

（3）二进制文件。二进制文件直接把二进制码存放在文件中，它是字节的集合，能用来存储任何类型的数据。除了没有数据类型或记录长度的含义以外，它与随机访问很相似。但二进制访问的方式是以字节数来定位数据，允许程序按所需的任何方式对数据进行组织和访问。因此同前两类文件比起来，二进制文件的灵活性最大，但程序的工作量也最大。

2．文件系统控件

Visual Basic 提供了 3 种常用的文件系统控件：驱动器列表框、目录列表框和文件列表框。

（1）驱动器列表框。驱动器列表框是一个下拉式列表框。它提供了一个驱动器的列表，在默认时显示计算机系统当前的驱动器，可以输入或从下拉列表中选择有效的驱动器标识符，但它不提供网络驱动器。

驱动器列表框最主要的属性是 Drive，用于返回或设置运行时选择的驱动器，默认值为当前驱动器。该属性只能在运行时设置，在设计时不可用。

使用格式：

```
Object.Drive=<字符串表达式>
```

其中：

① Object：对象表达式，即驱动器列表框对象的名称；

② ＜字符串表达式＞，为用户所指定选择的驱动器。例如：C:或 c:。

例如：

```
Drive1.Drive="C:"                '设置 C 盘为当前驱动器
```

最常用的事件是 Change 事件。程序在运行时，当选择一个新驱动器或通过代码改变 Drive 属性时就会触发该事件。例如，当选择一个新驱动器时，要将驱动器列表中选中的当前驱动器赋给目录列表的路径，从而实现驱动器列表框与目录列表框同步，需要在该事件过程中写入如下代码：

```
Private Sub Drive1_Change()
    Dir1.Path=Drive1.Drive
End Sub
```

(2) 目录列表框。目录列表框从最高层目录开始,显示当前驱动器的目录结构,及当前目录下的所有子目录,并按层次关系缩进根目录下的所有子目录。用户可双击任一个可见目录来显示该目录的所有子目录或关闭显示,并选定当前目录。

目录列表框的 Path 属性是其最常用的属性,用于返回或者设置运行时选择的当前路径。该属性在设计时是不可用的,只能在运行时设置。

使用格式:

```
Object.Path=<字符串表达式>
```

其中参数含义如下:

Object:目录列表框的对象名。

<字符串表达式>:用来表示路径名的字符串表达式,如 C:\Program Files。它的默认值是当前路径。

与列表框(ListBox)一样,目录列表框有 List、ListCount 和 ListIndex 属性。它们用于对指定目录及其下级目录进行操作。

目录列表框中当前目录的 ListIndex 的值为-1,上层目录的 ListIndex 值为-2,再上一层目录的 ListIndex 值为-3,依此类推。当前目录第一个子目录的 ListIndex 的值为 0。如果当前目录下有多个目录,则每个目录的 ListIndex 值分别按 1、2、3、…的顺序排列,这些目录是在同一层上,如图 7-2 所示。List 属性是一字符串数组,它的每个元素就是一个目录路径字符串。除了使用 Path 属性外,也可使用表达式 Dir1. List(Dir1. ListIndex)返回目录列表框 Dir1 当前选择的项目。ListCount 代表当前目录的下一级子目录数。

图 7-2　目录列表框 ListIndex 属性值示意

同驱动器列表框一样,目录列表框的主要事件是 Change,当选择一个新目录或通过代码改变了 Path 属性时就会触发该事件。例如,要使目录列表框 Dir1 与文件列表框 File1 同步,就要在目录列表框的 Change 事件过程中写入下列代码:

```
Private Sub Dir1_Change()
    File1.Path=Dir1.Path
End Sub
```

(3) 文件列表框。文件列表框以标准列表的形式显示当前目录中的部分或者全部文件,它的主要属性有: Path、Pattern 和 FileName。

Path 属性用于返回和设置文件列表框当前目录,设计时不可用。使用格式与目录列表框的 path 属性类似。当 Path 值改变时,会触发 PathChange 事件。

Pattern 属性用于设定允许显示的文件类型,除了可以使用"＊"、"?"等通配符外,在参数中还可以使用";"来分割多种文件类型,例如:"＊.doc;＊.txt"。该属性可在设计或运行状态时设置,默认时显示所有文件。

FileName 属性用于返回或设置所选定文件的文件名,设计时不可用。FileName 属性不包括路径名。如果要从文件列表框 File1 中获得完整路径的文件名 FilePath,需编写如下代码:

```
If Right(Dir1.Path,1)="\" Then
    FilePath=Dir1.Path & File1.FileName
Else
    FilePath=Dir1.Path & "\" & File1.FileName
End If
```

除以上 3 种主要属性外,文件列表框还包括 Archive、Normal、System、Hidden 和 ReadOnly 等文件属性。它们用于指定要显示的文件类型。此外,文件列表框也有 List、ListCount 和 ListIndex 属性,它与列表框控件这些相应属性的含义和使用方法相同,当对文件列表框所有文件进行操作时会使用到这些属性。

文件列表框的主要事件有 Click、DblClick、PathChange 和 PatternChange。

在文件列表框中单击选中文件,会触发 Click 事件,会改变 ListIndex 属性值,并将属性 Filename 的值设置为所单击的文件名字符串。文件列表框所识别的双击事件,一般用于对所双击的文件进行处理。例如,执行双击的应用程序,即 ＊.exe 和 ＊.com 文件等。

当文件列表框的 Filename 或 Path 属性发生改变时就会触发 PathChange 事件,而当文件的列表样式,即 Pattern 属性发生改变时,就会触发 PatternChange 事件。

案例 7-2　对文本框中的内容进行读写操作

【案例效果】

编写程序将文件 D:\myfile.txt 的内容读到文本框中显示。运行效果如图 7-3 所示。

图 7-3　读取顺序文件

通过本案例的学习,可以掌握顺序文件的打开和关闭,以及读写等操作。

【设计过程】

如果要使用程序对已有文件数据进行操作,必须先把它的内容读入到程序的变量中,然后对变量进行操作。

要从顺序文件中读入数据,在使用 Open 语句打开文件后,应使用 Input、Line Input 语句或者 Input 函数将文件内容读入到程序变量中。

本程序除窗体外只使用文本框一个控件,文本框名称为 txtabc,所要读取的文件为 D:\myfile.txt,可以通过上述 3 种方法来实现顺序文件的读取。

方法 1:一次全部读出。

```
Private Sub Form_Click()
    txtabc.Text=""
    Open "D:\abc.txt" For Input As #1
    txtabc.Text=Input(LOF(1),#1)
    Close #1
End Sub
```

方法 2:每次读出一行字符。

```
Private Sub Form_Click()
    Dim InputLine As String
    txtabc.Text=""
    Open "D:\abc.txt" For Input As #1
    Do While Not EOF(1)
        Line Input #1,InputLine
        txtabc.Text=txtabc.Text+InputLine+vbCrLf
    Loop
    Close #1
End Sub
```

方法 3:每次读出一个字符。

```
Private Sub Form_Click()
    Dim InputChar As String * 1
    txtabc.Text=""
    Open "D:\abc.txt" For Input As #1
    Do While Not EOF(1)
        InputChar=Input(1,#1)
        txtabc.Text=txtabc.Text+InputChar
    Loop
    Close #1
End Sub
```

【相关知识】

1. 顺序文件的打开和关闭

程序对文件的操作按下述步骤进行。

① 打开(或建立)文件。如果一个文件已经存在,则打开该文件;如果不存在,则建立该文件。

② 进行读、写操作。文件处理中,把内存中的数据传输到相关联的外部设备并作为文件存放的操作叫写数据,而把文件中数据传输到内存中的操作叫做读操作。

③ 关闭文件。将数据写入磁盘,并释放相关资源。

(1) 打开顺序文件。在 Visual Basic 中,使用 Open 语句打开或建立要操作的文件,使用格式如下:

```
Open 文件名 [For 模式] [锁定] As [#]文件号 [Len=缓冲区大小]
```

其中参数的含义如下。

① 文件名。必须使用引号括起来的字符串表达式,一般应包括盘符、路径及文件名。如建立或打开的文件不在当前目录中,必须使用完整路径。此参数不可省。

② 模式。可选参数,指定所操作的文件是输入模式还是输出模式,如表 7-2 所示。

表 7-2 顺序文件的模式

模 式	功 能
Input	顺序读入模式,将数据从文件读入内存,即读操作。Filename 指定的文件必须是已存在的文件,否则会出错
Output	顺序输出模式,可将数据从内存输出到文件,即写操作。Filename 指定的文件不存在,则创建新文件,如果是已存在的文件,系统则覆盖原文件
Append	顺序输出模式。与 Output 方式不同的是,如 Filename 指定的文件已存在,不覆盖原文件内容,写入的数据追加到文件末尾

③ 锁定。可选参数,用来在多用户或多进程环境中限制其他用户或其他进程对已打开的文件进行读写访问的操作。锁定类型如表 7-3 所示。

表 7-3 顺序文件的锁定类型

锁 定 类 型	功 能
默认值	不指定锁定类型,本进程可以任意打开文件进行读写,在此期间,其他进程不能对该文件进行操作
Shared	任何进程都可以对该文件进行读写操作
Lock Read	不允许其他进程读该文件
Lock Write	不允许其他进程写该文件
Lock Read Write	不允许其他进程读写该文件

④［♯］文件号。文件号为1～511的整数。执行 Open 语句时,系统为每个打开的文件指定一个文件号,后续程序中可用此文件号指代相应文件,参与数据访问。

⑤［Len＝缓冲区大小］。可选参数,用于文件与程序之间复制数据时,指定缓冲区的字符数。缓冲区大小的值不能超过 $2^{15}-1$ 字节。

(2) 关闭顺序文件。在打开一个文件进行数据操作后,在被其他类型操作重新打开之前必须关闭文件,否则会造成文件数据丢失等现象。Close 语句的使用格式如下:

```
Close [[# ]文件号][,[# ]文件号]...
```

其中参数的含义如下。

［［♯］文件号］［,［♯］文件号］…:可选参数,为文件号列表,如♯1,♯2,♯3,如果省略,则将关闭 Open 语句打开的所有活动文件。

Close 语句用来结束文件的操作,把文件缓冲区中所有数据写到被关闭文件中,释放缓冲区空间,释放与被关闭文件相联系的文件号,以供其他 Open 语句使用。

2. 顺序文件的读写操作

(1) 写操作。要向顺序文件写入数据,应使用 Print 语句或 Write 语句,但之前必须以 Output 或 Append 方式打开它。

① Print 语句。格式如下:

```
Print #文件号,[输出列表]
```

文件号为以写的方式打开文件的文件号;输出列表是向文件写入的信息列表,它是用分号或逗号分隔的数据序列,如果省略该参数,表示向文件写入一个空行。Print 语句与使用 Print 方法时的输出格式相同,不同的是 Print 方法所"写"的对象是窗体、打印机等,而 Print 语句所"写"的对象是文件。

② Write 语句。格式如下:

```
Write #文件号,[输出列表]
```

Write 语句的各项含义与 Print 语句基本相同,但输出列表只用逗号分隔,数据写入文件的格式较为紧凑,各数据项之间插入","分隔,会给字符串加上双引号,并在最后一个数据后插入一个回车换行符作为记录结束标记。

(2) 读操作。顺序文件对数据的读操作,由 Input 语句、Line Input 语句和 Input 函数实现。

① Input 语句。格式如下:

```
Input #文件号,变量列表
```

Input 语句从一个顺序文件中读出数据项,并放在变量列表中对应的变量中。这些变量既可以是数值变量,也可以是字符变量或数组元素。变量的类型要与文件中数据的类型要求对应一致,且为将数据正确读入到变量中,要求文件中各数据项用分隔符分开。

② Line Input 语句。Line Input 语句从已打开的顺序文件中读出一个完整的行,并将它赋给一个字符串变量。格式如下:

```
Line Input #文件号,字符串变量
```

字符串变量：它是一个字符串变量名,也可以是一个字符串数组元素名,用来接收从顺序文件中读出的字符行。

Line Input 是十分重要的语句,它可以读取文件中一行的全部内容,直到遇到回车符 Chr(13)或回车换行符 Chr(13)+Chr(10)为止。同 Input 语句相比,Input 语句读取的是文件中的数据项,而 Line Input 语句是一行一行地读取。

③ Input 函数。格式如下:

```
Input(读取字符数,#文件号)
```

该函数根据所给定的读取字符数,从指定文件读取指定的字符数,并以字符串的形式返回给调用程序。

④ 其他与读操作相关的几个函数。

- Lof 函数。Lof 函数返回文件的字节数。格式如下:

```
Lof(文件号)
```

注意:对用文字编辑软件建立的文件来说,由于 Lof 函数返回的是实际分配的字节数,即文件的实际长度,这与文件的字符个数有所区别。如果返回 0 值,说明该文件是一个空文件。

- Eof 函数。Eof 函数用来测试文件的结束状态。格式如下:

```
Eof(文件号)
```

Eof 函数将返回一个表示文件指针是否到达文件末尾的标志。如果已到文件末尾,则 Eof 函数返回 True,否则返回 False。使用 Eof 函数可以避免文件在读入时,读入数据超出文件尾这样错误的发生,因此,它是一个很有用的函数。

- Loc 函数。Loc 函数返回由文件号指定的文件的当前读写位置。格式如下:

```
Loc(文件号)
```

对于顺序文件,该函数返回的是从该文件被打开以来读写的记录个数,一个记录就是一个数据块;对于随机文件,Loc 函数返回一个记录号,它是当前读写位置的上一个记录的记录号;对于二进制文件,它将返回最近读写的一个字节的位置。

案例 7-3   学生信息管理程序

【案例效果】

本案例使用随机文件存储学生信息,程序运行效果如图 7-4 所示。窗体上有 5 个命令按钮分别实现 5 项功能,4 个文本框分别用于输入学生信息。该程序可以添加、修改、删除和顺序查询学生信息。

通过本案例的学习,可以掌握随机文件的打开和关闭,以及读写等操作。

【设计过程】

1. 界面设计

(1) 启动 Visual Basic 6.0,在"新建工程"窗口选择新建一个"标准 EXE"工程,单击"打开"按钮自动出现一个新窗体。

(2) 使用工具箱上的文本框控件、命令按钮控件、标签控件按图 7-4 设计程序界面。

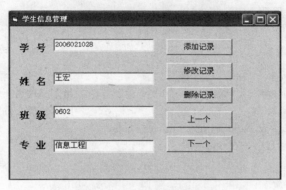

图 7-4 学生信息管理程序

2. 属性设置

各控件的主要属性设置如表 7-4 所示。

表 7-4 属性设置表

控　　件	属性(属性值)	属性(属性值)
窗体	Name(Form1)	Caption("学生信息管理")
文本框 1	Name(TxtStuId)	Text("")
文本框 2	Name(TxtName)	Text("")
文本框 3	Name(TxtClass)	Text("")
文本框 4	Name(TxtSpeciality)	Text("")
命令按钮 1	Name(CmdAdd)	Caption("添加记录")
命令按钮 2	Name(CmdAmend)	Caption("修改记录")
命令按钮 3	Name(CmdDel)	Caption("删除记录")
命令按钮 4	Name(CmdPre)	Caption("上一记录")
命令按钮 5	Name(CmdNext)	Caption("下一记录")

3. 代码设计

在标准模块 Module1 中定义学生信息记录类型及全局变量:

```
Type student                          '自定义学生信息记录类型
    StuId As String * 12
    Name As String * 10
    Class As String * 10
```

```
        Spec As String * 20
    End Type
    Public stu As student                    '定义存放当前记录内容的 student 变量
    Public filestu As String                 '定义存放学生信息的文件名
    Public recno As Integer                  '定义存放当前记录号的变量
    Public rectotal As Integer               '定义表示总记录数的变量
    Public reclong As Integer                '定义存放总记录长度的变量
```

在窗体模块编辑代码如下：

```
Option Explicit

Private Sub Form_Load()                      'Load 事件过程
    filestu=App.Path & "\record.dat"         '给定文件名便于操作
    reclong=Len(stu)                         '给定随机文件记录长度
    Open filestu For Random As 1 Len=reclong
    rectotal=LOF(1)/reclong
    recno=1
    Call Display
End Sub


Private Sub CmdAdd_Click()                    '添加记录事件过程
    stu.StuId=TxtStuId.Text
    stu.Name=TxtName.Text
    stu.Class=TxtClass.Text
    stu.Spec=TxtSpec.Text
    rectotal=rectotal+1                       '信息添加后将修改记录总数
    recno=rectotal                            '修改当前记录号
    Put #1,recno,stu
End Sub


Private Sub CmdAmend_Click()                  '修改当前记录事件过程
    stu.StuId=TxtStuId.Text
    stu.Name=TxtName.Text
    stu.Class=TxtClass.Text
    stu.Spec=TxtSpec.Text
    Put #1,recno,stu                          '将修改的数据保存到相应记录号中
End Sub


Private Sub CmdDelete_Click()                 '删除当前记录事件过程
    Dim I As Integer
    Dim delno As Integer                      '定义待删除的记录号变量
    delno=recno
    For I=delno+1 To rectotal                 '删除当前记录
        Get #1,I,stu
```

```
        Put #1,I-1,stu
    Next I
    rectotal=rectotal-1
    Call Display
End Sub

Private Sub CmdPre_Click()                    '显示上一记录事件过程
    If recno>1 Then
        recno=recno-1
    Else
        MsgBox "现在已经是第一条记录!"
        Exit Sub
    End If
    Get #1,recno,stu
    Call Display
End Sub
Private Sub CmdNext_Click()                   '显示下一记录事件过程
    If recno<rectotal Then
        recno=recno+1
        Call Display                          '显示当前记录
    Else
        recno=1                               '回到首记录
        Call Display
    End If
End Sub

Private Sub Display()                         '显示当前记录子过程
    Get #1,recno,stu
    TxtStuId=stu.StuId
    TxtName=stu.Name
    TxtClass=stu.Class
    TxtSpec=stu.Spec
End Sub
```

【相关知识】

随机文件是由长度相同的记录构成的,每条记录都有自己的记录号,可直接通过记录号访问某条记录。

1. 随机文件的打开和关闭

(1) 打开随机文件。随机文件的打开操作同顺序文件一样也使用 Open 命令,格式如下:

```
Open 文件名 [For 模式] [Access 模式][锁定]As [#]文件号 [Len=记录长度]
```

Open 语句中的"模式"为随机存取 Random 模式，Random 模式为系统的默认模式。文件打开后，可同时进行读写操作。

格式中"文件名"、"锁定"、"文件号"字段的含义与顺序文件相同。"记录长度"为记录中各字段长度之和，以字节数为单位，如果省略，默认值为 128 个字节。

Access 模式：可选参数，其中，Access 是关键字，"模式"为操作模式，指明对文件可进行的操作，有 Read、Write 和 Read Write 操作，默认为 Read Write。

（2）关闭随机文件。随机文件关闭操作与顺序文件相同。

2. 随机文件的读写操作

（1）写操作。随机文件的写操作通过 Put 语句来实现。格式如下：

```
Put #文件号,[记录号],变量
```

该语句是将变量代表的记录内容写入打开文件中指定的记录位置。其中参数含义如下。

① 文件号。已打开的随机文件的文件号。

② 记录号。可选参数，指定数据写入文件的第几个记录上。如果省略，则写在上次读写记录的下一个记录位置。省略"记录号"后，逗号不能省略。

③ 变量。要写入文件的数据。

（2）读操作。随机文件的读操作通过 Get 语句来实现。格式如下：

```
Get #文件号,[记录号],变量
```

该语句是将按"文件号"打开的文件中指定的记录内容存放到变量中。如果省略记录号，则表示读取当前记录。其中，"文件号"、"记录号"和"变量"的含义同 Put 命令。

案例 7-4　字母大小写转换

【案例效果】

编写程序，以二进制方式打开 D:\abc.txt 文件，将其中的小写英文字符全部转换成大写形式并存放到 E 盘根目录下，文件名改为 ABC.txt。运行效果如图 7-5 和图 7-6 所示。

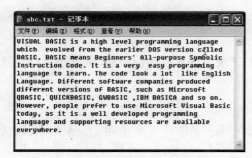

图 7-5　转换前的文件

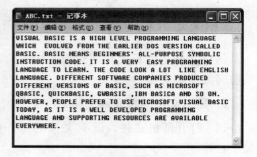

图 7-6　转换后的文件

通过本案例的学习,可以掌握二进制文件的打开和关闭,以及读写等操作。

【设计过程】

本程序除窗体外不需另外使用其他控件,在窗体的单击事件中编写如下代码:

```
Private Sub Form_Click()
    Dim a As String * 1,b As String * 1
    Open "D:\abc.txt" For Binary As #1
    Open "E:\ABC.txt" For Binary As #2
    Do While Not EOF(1)
        Get #1,,a
        b=UCase(a)
        Put #2,,b
    Loop
    Close #1,#2
End Sub
```

【相关知识】

二进制文件以字节为单位对文件进行访问操作,一个文件以二进制打开后就可以认为是二进制文件,可同时进行读写操作。

1. 二进制文件的打开和关闭

(1) 打开二进制文件。二进制文件的打开仍然使用 Open 命令。格式如下:

```
Open 文件名 For Binary [Access 模式][锁定]As [# ]文件号
```

与随机文件打开方式不同的是,二进制文件 Open 语句使用 For Binary,并且由于二进制文件直接以字节为单位进行读取,因此不指定 Len＝记录长度。其他参数与随机文件的使用方法相同。

(2) 关闭随机文件。关闭二进制文件的方法与前述相同。

2. 二进制文件的读写操作

(1) 写操作。与读写随机文件一样,读写二进制文件也使用 Get 和 Put 语句,不同的是随机文件的读写单位是记录,而二进制文件的读写单位是字节。

写二进制文件的语句格式如下:

```
Put #文件号,[位置],变量
```

该语句是将变量代表的内容写到指定的位置。其中参数"位置"以字节为单位,如果省略,则默认从上次 Put 语句操作后的下一字节处开始写。

(2) 读操作。读二进制文件的语句如下:

```
Get #文件号,[位置],变量
```

该语句将从指定位置开始读取长度(按字节数)和变量长度相等的数据存放到变量中。如果省略位置,则从上次 Get 语句操作后的下一字节处开始读,数据读出后移动变量长度位置。

通过本案例的学习,可以掌握与文件管理操作有关的常用语句、函数的使用。

3. 其他与文件基本操作相关的语句和函数

除了以上介绍的知识之外,Visual Basic 提供了许多与文件操作相关的语句和函数,可以很方便地使用这些语句和函数对文件进行复制、删除、移动。这些操作不涉及文件内容,而是对文件进行整体操作。

(1) 文件操作语句。

① FileCopy 语句。用 FileCopy 语句可以把源文件名复制为目标文件名,格式如下:

```
FileCopy 源文件名,目标文件名
```

参数"源文件名"和"目标文件名"为字符串表达式,分别用来指明要被复制的文件名和要复制的目标文件名,可以包含目录和文件夹。使用该语句进行复制后,两个文件的内容完全相同。例如:

```
FileCopy "D:\text1.txt","E:\text2.txt"
```

需要说明的是,该语句不能复制已打开的文件,否则会产生错误。

② Kill 语句。Kill 语句用来删除指定的文件,格式如下:

```
Kill 文件名
```

"文件名"可以含有路径。例如:

```
Kill "D:\text1.txt"
```

在 Windows 操作系统中,Kill 支持使用通配符(如"＊"和"?")来指定多重文件。由于在执行 Kill 语句时没有任何提示信息,为保证文件的安全,在程序中使用该语句前,务必提前给出提示信息。

③ ChDrive 语句。ChDrive 语句用来改变当前驱动器,格式如下:

```
ChDrive 驱动器名
```

参数"驱动器名"是一个字符串表达示,指定一个现有的驱动器。例如:

```
ChDrive "C"或 ChDrive "C:\"
```

④ ChDir 语句。改变当前目录使用 ChDir 语句,格式如下:

```
ChDir 路径名
```

参数"路径名"用于指明哪个目录将成为新的默认目录。如果没有指定驱动器,则该语句在当前驱动器上改变默认目录。例如:

```
ChDir "C:\mydir"
```

ChDir 语句用于改变默认目录位置,但不会改变默认驱动器位置。

⑤ Name 语句。Name 语句可以对文件、目录重命名,也可用来移动文件,格式如下:

`Name 原文件名 As 新文件名`

参数"原文件名"和"新文件名"是字符串表达式,可以包含文件路径。一般情况下,"原文件名"和"新文件名"须在同一驱动器上。如果"新文件名"指定的文件路径与"原文件名"不同,则 Name 语句将把文件移动到新目录下,并删除之前的文件。例如:

`Name "D:\text1.txt" as "E:\text2.txt"`

(2) 文件操作函数。有关文件操作函数我们之前已经介绍过了 Lof、Loc 和 Eof 函数,下面将介绍其他一些在程序设计中常用的函数。

① FreeFile 函数。该函数用来返回一个可供 Open 语句使用的文件号,格式如下:

`FreeFile[范围号]`

返回代表下一个可供 Open 语句使用的文件号。可选的参数"范围号"用于指定一个范围,以便返回该范围之内的下一个可用文件号。如果指定 0(默认值)则返回一个 1～255 之间的文件号。指定 1 则返回一个 256～511 之间的文件号。

② Seek 函数。返回一个表示所打开的文件指针当前位置的长整型变量,格式如下:

`Seek(文件号)`

"文件号"是必要参数,它是一个包含有效文件号的整型变量。对于随机文件,Seek 函数返回指针当前所指的记录号。对于顺序和二进制文件,返回指针当前所在的字节位置。

③ FileLen 函数。返回文件的长度(以字节为单位),格式如下:

`FileLen(文件名)`

"文件名"是必要参数,可以包含文件的完整路径。如果调用此函数时所指定的文件已经打开,则返回该文件在打开前的大小。

④ Shell 函数。该函数用于调用执行一个可执行文件,格式如下:

`Shell(文件名[,窗体类型])`

该函数如果执行成功,返回这个程序的任务 ID。如果执行不成功,则返回 0。如果不需要返回值,可只使用过程调用形式来执行应用程序。

"文件名"是必要参数,必须是可执行文件,要包含文件的完整路径。"窗体类型"为可选参数,它用一组整型值来表示执行应用程序打开的窗口类型,具体可参照 MSDN 中的相应内容。

本 章 小 结

本章学习 Visual Basic 中有关文件的基本概念、文件系统控件的使用、对不同文件类型的操作以及与文件操作相关的语句和函数等。

  Visual Basic 提供了 3 种常用的文件系统控件：驱动器列表框、目录列表框和文件列表框，使用这些控件可设计窗体界面执行对文件的操作。

  根据对文件的访问模式，可将文件分为顺序文件、随机文件和二进制文件 3 种。顺序文件中的每条记录按顺序一个接一个地排列，记录长度不固定，因此无法以记录为单位进行读写，但可以按行、按字符和一次读整个文件 3 种方式读出文件；随机文件中的记录长度是固定的，可以记录为单位进行读写；二进制文件的读写更加灵活，以字节为单位进行读写。

  对文件的操作分为 3 个步骤，即首先打开文件，然后进行读写操作，最后关闭文件。

  顺序文件的优点是存储结构简单，容易使用，但由于数据是顺序排列，无法灵活随意存取，所以它适用于不经常修改的数据，一般用普通的字处理软件建立的较多。

  随机文件由长度完全相同的记录组成，每条记录都有唯一的记录号，适宜直接对记录进行读写操作。

  二进制文件是字节的集合，它的访问方式是以字节数来定位数据。因此，二进制文件的灵活性最大。

  本章还介绍了一些文件操作相关的常用语句和函数，这些操作是对文件进行整体操作，不涉及文件内容。

习　题　7

一、选择题

1. 按文件的组织方式分类，文件有_____。
  A. 顺序文件和随机文件　　　　　　　B. ASCII 文件和二进制文件
  C. 程序文件和数据文件　　　　　　　D. 磁盘文件和打印文件
2. 关于顺序文件的描述正确的是_____。
  A. 每条记录的长度必须相同
  B. 可通过编程对文件中的某条记录方便地修改
  C. 数据只能以 ASCII 码形式存放在文件中，所以可通过文本编辑软件显示
  D. 文件的组织结构复杂
3. 下列在文件中写入数据的命令语句，不正确的是_____。
  A. Write ♯1,math,English　　　　　B. Write ♯1,math; English
  C. Print ♯1,math,English　　　　　D. Print ♯1,math;English
4. 在 Visual Basic 的文件列表框中，用来在文件列表框中返回或设置所选文件的路径名或文件名的属性是_____。
  A. List 属性　　　　　　　　　　　　B. MultiSelect 属性
  C. Pattern 属性　　　　　　　　　　D. FileName 属性
5. 文件号可取的最大值是_____。
  A. 255　　　　　B. 256　　　　　　　C. 511　　　　　D. 512

6. 为了把一个记录型变量的内容写入文件中指定的位置,所使用的语句的格式为_____。

    A. Put 文件号,变量名,记录号   B. put 文件号,记录号,变量名

    C. Get 文件号,记录号,变量名   D. Get 文件号,变量名,记录号

7. 要从打开的文件号为 1 的顺序文件中读取数据,下列语句中错误的是_____。

    A. Input ♯1, x   B. Line Input ♯1, x

    C. x＝Input(1, ♯1)   D. Input 1, x

二、程序填空题

1. 在 D:\student 文件夹下建立一个顺序文件 stuID.txt,该文件用于存储一批学生的学号,要求在文本框输入学号;每当输入一个学号后按下回车键就可以写入一条记录,并自动清除文本框内容。当键入"00"时结束程序的运行。

```
Private Sub Form_Load()
    Open "d:\student\stuID.txt" For Output As #1
End Sub


Private Sub Text1_KeyPress(KeyAscii As Integer)
    If KeyAscii=_____ Then
        If _____ Then
            Close #1
            End
        End If
        Write #1, _____
        Text1.Text=" "
    End If
End Sub
```

2. 将 D:盘根目录下的一个文本文件 text1.txt 复制到新文件 text2.txt 中,并利用文件操作语句将 text1.txt 文件删除。

```
Private Sub Form_Click()
    Dim str1 As String
    Open "D:\text1.txt" _____ As #1
    Open "text2.txt" _____
    Do While _____
        _____
        Print #2,str1
    Loop
    _____
    _____
End Sub
```

三、编程题

1. 某公司有 10 名雇员,通过编程将他们的工作证号、姓名、性别和工资写入到一个顺序文件中,文件名为 worker. dat。

2. 建立一个名为 student. dat 的随机文件,用来存放若干个学生的学号、姓名和成绩等数据,并将该文件中的数据按成绩降序排列。

3. 设计应用程序,统计文本文件 abc. txt 中各英文字母出现的次数,并将结果输出至文件 cal. dat 中。

四、上机题

1. 编写程序,建立一个顺序文件 D:\stuscore. txt,顺序存放学生的姓名和 3 门功课的成绩及其总分,将文件中的姓名和成绩显示在窗体上,格式如下:

姓名	数学	语文	英语	总分
李军	88	86	90	264
郭娟	90	90	86	266
马小明	88	86	88	262
…				

该程序可以实现数据记录的添加、显示和删除功能。

2. 建立一个文件,写入 50 个 10～99 之间互不相同的随机整数,然后将其读出,并求出其中的最大值和最小值。

3. 编写程序,建立一个随机文件,实现通讯录的添加、查找、删除和上下条逐个浏览等功能。通讯录包括姓名、电话、邮编和地址等项,界面可自己定义。

第8章 图形设计

本章要点：

本章介绍 Visual Basic 中图形设计的基础知识和技巧，知识要点包括：

(1) Visual Basic 中坐标系的概念；

(2) 使用 Line 控件、Shape 控件画直线、矩形、圆（弧）、椭圆的方法；

(3) 图片框、图像框的常用属性、常用方法、图片的载入及应用；

(4) 使用 Pset 方法、Line 方法、Circle 方法画点、矩形、圆（弧）、椭圆的方法。

案例 8-1 图片显示

【案例效果】

本例是一个显示图片的程序，其运行效果如图 8-1 所示，单击"载入图片"按钮，显示两张图片，如图 8-2 所示。按钮"交换图片"和"删除图片"分别实现两张图片的交换和删除功能。复选框分别显示两种不同选项下面两个图片的不同显示方式。

图 8-1 图片显示界面运行效果图

图 8-2 图片显示界面效果

【设计过程】

1. 界面设计

启动 Visual Basic 6.0，新建一个"标准 EXE"工程，然后在窗体 Form1 上绘制图片框控件 Picture1、图像框控件 Image1、两个复选框控件(Check1、Check2)、图片框 Picture2（为两个复选框控件的容器）、3 个命令按钮(Command1～Command3)。设置各个对象的属性后,界面如图 8-3 所示。

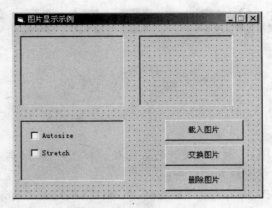

图 8-3　图片显示界面设计

2. 属性设置

在属性窗口里进行属性设置,如表 8-1 所示。

表 8-1　属性设置表

对　象	属性名	属　性　值	对　象	属性名	属　性　值
Form1	Caption	"求 100 个学生的平均成绩"	Command3	Caption	"交换图片"
Command1	名称	cmdShow	Check1	名称	AutoCheck
Command1	Caption	"载入图片"	Check2	名称	StretchCheck
Command2	名称	cmdDelete	Picture1	AutoSize	False
Command2	Caption	"删除图片"	Image1	Stretch	True
Command3	名称	cmdChange			

3. 代码设计

双击命令按钮 cmdShow,打开代码编辑器,在其单击事件中写入如下代码:

```
Private Sub cmdShow_Click()
    Picture1.Picture=LoadPicture("flower.jpg")
                            '使用 LoadPicture 函数,为图片框 Picture1 加载图片
    Image1.Picture=LoadPicture("grass.jpg")        '为图像框 Image1 加载图片
End Sub
```

双击命令按钮 cmdChange,打开代码编辑器,在其单击事件中写入如下代码:

```
Private Sub cmdChange_Click()
    Dim picbak As Picture
    Set picbak=Picture1.Picture
    Picture1.Picture=Image1.Picture
```

```
        Image1.Picture=picbak
End Sub
```

双击命令按钮 cmdDelete，打开代码编辑器，在其单击事件中写入如下代码：

```
Private Sub cmdDelete_Click()
        Picture1.Picture=LoadPicture
        Image1.Picture=LoadPicture
End Sub
```

【相关知识】

1. 图形显示控件

（1）PictureBox 控件。图片框（PictureBox）控件既可用来显示图形，也可用来作为其他控件的容器。在案例 8-1 中 Picture1 用来显示图片，Picture2 用来做复选框 AutoCheck 和 StretchCheck 的容器。

（2）Image 控件。图像框（Image）控件与图片框（PictureBox）控件相似。但它只可用来显示图形，不可用来作为其他控件的容器，也不支持绘图方法和 print 方法。因此，图像框比图片框占用更少内存。

2. 图形显示方法

图形显示控件显示图片的方法有两种。

（1）在设计阶段，可以通过属性窗口直接设置控件的 Picture 属性，或者可以使用剪贴板（常用的方法是按 Ctrl＋C 键复制和按 Ctrl＋V 键粘贴）。

（2）在程序运行阶段，利用 LoadPicture 函数来设置。LoadPicture 函数的功能是将图形载入到窗体的 Picture 属性、PictureBox 控件或 Image 控件。其使用方法如下：

```
Picture1.Picture=LoadPicture("路径及图形文件名")
```

在事件 cmdShow_Click()中图片文件 flower. jpg 和 grass. jpg 和 Form 窗体文件在同一路径下，所以直接使用了图形文件名。路径的使用方法应如下例：

```
Picture1.Picture=LoadPicture("c:\er\flower.jpg")
```

假定 flower. jpg 文件在磁盘上的路径为 c：\er。

注意：

（1）要使用西文引号。

（2）如果 LoadPicture 方法括号中空白，如：

```
Picture1.Picture=LoadPicture()
```

则可以清除图形，即使在设计时曾向图形窗口的 Picture 属性加载了图形。案例 8-1 中事件 cmdDelete_Click 中代码使用的就是这个功能。

（3）在设计阶段装入的图形，会与窗体一起保存在文件中，当生成可执行文件时，不必提供需要装入的图形文件，这样使用安全，但窗体文件大；而在运行期间利用

LoadPicture 函数装入的图形,必须确保能找到相应的图形文件,否则显示出错信息。

(4) 装入图片框中的图形可以被复制到另一个图片框中。通过语句:

```
Picture1.Picture=Picture2.Picture
```

可把图片框 Picture1 的图形复制到 Picture2 中。案例 8-1 中事件 cmdChange_Click() 使用此方法完成了图片的交换功能。

3. 相关属性

(1) Align 属性。返回或设置一个值,确定对象是否可在窗体上以任意大小、在任意位置上显示,或是显示在窗体的顶端、底端、左边或右边,而且自动改变大小以适应窗体的宽度。其值有 5 个选项。Align 属性的设置值及其说明如表 8-2 所示。

表 8-2　Align 属性的设置值及其说明

设　　置	值	说　　明
VbAlignNone	0	无,可以在设计时或在程序中确定大小和位置
VBAlignTop	1	顶部,对象显示在窗体的顶部,其宽度等于窗体的 ScaleWidth 属性设置值
VBAlignBottom	2	底部,对象显示在窗体的底部,其宽度等于窗体的 ScaleWidth 属性设置值
VBAlignLeft	3	左边,对象在窗体左面,其宽度等于窗体的 ScaleWidth 属性设置值
VBAlignRight	4	右边,对象在窗体右面,其宽度为窗体的 ScaleWidth 属性设置值

(2) AutoSize 属性。设置控件是否自动改变尺寸以显示其加载图片的全部内容,有 True 和 False 两个值。

True 为默认值。表示图片框自动按加载图形的大小改变自身大小,以适合所装入的图形。False 表示图片框不能随着加载图形的大小而改变自身大小,超出图片框的部分不显示。

注意:Image 控件没有 AutoSize 属性。运行案例 8-1 程序,通过对复选框的选择,观察 Picture1 中图片不同的显示效果,可以体验此属性的含义。

(3) Stretch 属性。该值用来指定一个图形是否要调整大小,以适应 Image 控件的大小。PictureBox 控件没有此属性。

True 表示图形要调整大小以与控件相适合,False(默认值)表示控件要调整大小以与图形相适。运行案例 8-1 程序,通过对复选框的选择,观察 Image1 中图片不同的显示效果,可以体会此属性的含义。

案例 8-2　绘制余弦曲线

【案例效果】

程序运行后,单击窗体在窗体上绘制如图 8-4 所示以窗体中心为坐标原点的余弦曲线。

通过本案例的学习,主要掌握如何在 Visual Basic 程序中设置坐标系统,以及如何在

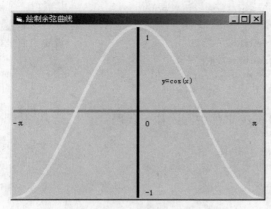

图 8-4 余弦曲线

设定的坐标系统中绘制图形。

【设计过程】

1. 界面设计

在 Visual Basic 6.0 环境中,新建一个 Caption 为"绘制余弦曲线"的窗体。

2. 代码设计

双击窗体,打开代码编辑器,在窗体的 Form_Click 事件中写入如下代码:

```
Private Sub Form_Click()
    Dim i As Single
        pi=3.142
        Form2.Scale(-pi,1)-(pi,-1)              '定义用户的坐标系
        Form2.Line(-pi,0)-(pi,0)                '画出 X 轴直线
        Form2.Line(0,1)-(0,-1)                  '画出 Y 轴直线
        Form2.CurrentX=-pi                      '以下语句对坐标轴进行标注
        Form2.CurrentY=-0.1
        Print "-π"
        Form2.CurrentX=pi-0.3
        Form2.CurrentY=-0.1
        Form2.Print "π"
        Form2.CurrentX=0.2
        Form2.CurrentY=-0.1
        Form2.Print "0"
        Form2.CurrentX=0.2
        Form2.CurrentY=1-0.1
        Form2.Print "1"
        Form2.CurrentX=0.2
        Form2.CurrentY=-1+0.1
        Form2.Print "-1"
        For i=-pi To pi Step 0.001              '画 [-π,π]区间的余弦曲线
```

```
            Form2.PSet(i,Cos(i)),RGB(0,255,0)
        Next i
        Form2.CurrentX=0.6                          '设置当前坐标
        Form2.CurrentY=0.4
        Form2.Print "y=cos(x)"
End Sub
```

在窗体的 Form_Resize 事件中写入如下代码：

```
Private Sub Form_Resize()
    Form1.Cls
    Call Form_Click
End Sub
```

【相关知识】

1. 坐标系统概述

Visual Basic 的坐标系统是指在屏幕（Screen）、窗体（Form）、容器（Container）上定义的表示图形对象位置的平面二维格线，在 Visual Basic 中进行绘图或者确定控件的位置时都离不开坐标系。构成一个坐标系，需要 3 个要素：坐标原点、坐标度量单位、坐标轴的长度与方向。图 8-5 为窗体和图片框对象的默认坐标系统。

坐标度量单位由容器对象（窗体或者图片框）的 ScaleMode 属性决定。默认时为 Twip，每英寸 1440 个 Twip，20 个 Twip 为一磅。ScaleMode 的属性值如表 8-3 所示。

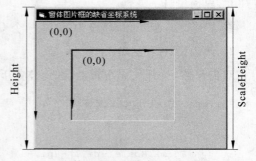

图 8-5　窗体和图片框容器的默认坐标系统

表 8-3　ScaleMode 的属性值

取值	度　量　单　位
0	user 用户自定义
1	twip 缇，系统默认设置
2	point 磅，每英寸约为 72 磅
3	pixel 像素，像素是监视器或打印机分辨率的最小单位。每英寸里像素的数目由系统设备的分辨率决定
4	character 字符，打印时，一个字符高 1/6 英寸，宽 1/12 英寸
5	inch 英寸，每英寸为 2.54 厘米
6	millimeter 毫米
7	centimeter 厘米

在窗体和图片框中和绘图相关的属性如表 8-4 所示。

表 8-4　和绘图相关的属性

属 性 名	含 义	属 性 名	含 义
ScaleLeft	设置对象左边距值	ScaleWidth	设置对象宽度
ScaleTop	设置对象上边距值	ScaleHeight	设置对象高度

2. 用户自定义坐标系统的方法

(1) 使用属性值设置坐标系统。属性 ScaleWidth、ScaleHeight 的值可确定对象坐标系 X 轴与 Y 轴的正向及最大坐标值。默认时其值均大于 0,此时,X 轴的正向向右,Y 轴的正向向下。对象右下角坐标值为(ScaleLeft+ScaleWidth,ScaleTop+ScaleHeight)。

如果 ScaleWidth 的值小于 0,则 X 轴的正向向左,如果 ScaleHeight 的值小于 0,则 Y 轴的正向向上。

例如,图 8-6 将窗体的坐标系统的原点定义在其中心,X 轴的正向向右,Y 轴的正向向上,窗体高与宽分别为 200 和 300 单位长度。通过如下语句设置 ScaleTop、ScaleLeft、ScaleWidth 和 ScaleHeight 属性实现。

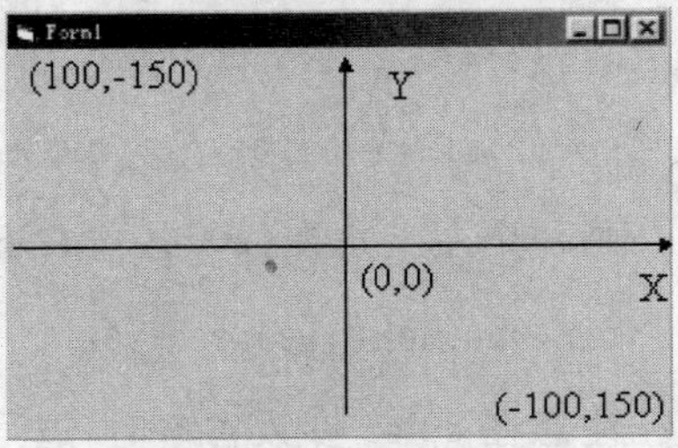

图 8-6　使用属性值设定坐标系统

```
Form1.ScaleLeft=-150
Form1.ScaleTop=100
Form1.ScaleWidth=300
Form1.ScaleHeight=-200
```

(2) 使用 Scale 方法自定义坐标系统。一个更简洁的自定义坐标系统的方法是使用 Scale 方法。其定义形式如下:

```
[object.]Scale (x1,y1)-(x2,y2)
```

x1 和 y1 的值,就是 ScaleLeft 和 ScaleTop 属性的设置值。x2−x1 的差值和 y2−y1 的差值,分别决定了 ScaleWidth 和 ScaleHeight 属性的设置值。若指定 x1 > x2 或 y1 > y2 的值,与设置 ScaleWidth 或 ScaleHeight 为负值的效果相同。

例如案例 8-2 中语句 Form2.Scale(−pi,1)−(pi,−1),把坐标原点设在了屏幕中央。指定 x1 > x2 或 y1 < y2 的值,所以 x 轴正向向右,y 轴正向靠上。ScaleWidth=2π, ScaleHeight=−2.

3. 绘图方法和属性

(1) CurrentX、CurrentY 属性。返回(或者设置)窗体、图形框或打印机对象当前的水平(CurrentX)或者垂直(CurrentY)坐标,设计时不可用。

例如在案例 8-2 中在坐标(−pi,−0.1)处显示"−π",代码如下:

```
Form2.CurrentX=-pi        '设置屏幕当前的水平坐标
Form2.CurrentY=-0.1       '设置屏幕当前的垂直坐标
```

```
Print "-π"                              '在坐标(-pi,-0.1)处显示"-π"
```

（2）Line 方法。Line 方法用于在对象上绘制直线或者矩形，其格式如下：

```
[Object.] Line [[Step] (x1,y1)]-(x2,y2)[,Color][,B[F]]
```

其中，Object 可以是窗体或图形框。

（x1,y1），（x2,y2）为线段的起、终点坐标，或矩形的左上角、右下坐标。颜色为可选参数，指定画线的颜色，默认取对象的前景颜色，即 ForeColor。

关键字 Step 表示采用当前作图位置的相对值，即从当前坐标移动相应的步长后所得的点为画线起点。

注意：各参数可根据实际要求进行取舍，但如果舍去的是中间参数，参数的位置分隔符不能舍去。

例如在案例 8-2 中在坐标（-pi,0）和坐标（pi，0）处划一条红色的直线做 x 轴，代码如下：

```
Form2.Line(-pi,0)-(pi,0),vbRed
```

画一个左上角在（20,40）、右下角在（150,200）的矩形，代码如下：

```
Line(20,40)-(150,200),,B
```

注意在 color 参数省略时，逗号并不省略。

（3）Pset 方法。在指定对象（如窗体、图形框）上的指定位置处绘制点，还可以为点指定颜色，其语法格式如下：

```
Object.Pset(X,Y),[Color]
```

例如在案例 8-2 中，绘制余弦曲线的代码如下：

```
For i=-pi To pi Step 0.001            '画 [-π,π]区间的正弦曲线
    Form2.PSet(i,Cos(i)),RGB(0,255,0)
Next i
```

（4）Circle 方法。用 Circle 方法可以绘制圆、椭圆与弧，语法如下：

```
Object.Circle(X,Y),Radius,[Color,Start,End,Aspect]
```

其中，（X，Y）是圆、椭圆或弧的圆心坐标，Radius 是半径，这两个参数是必需项；Color 是圆的轮廓色，Start 与 End 是弧的起点与终点位置。其范围是-2～Pi；Aspect 是圆的纵横尺寸比，默认值是 1，即圆。

（5）清除图形方法（Cls）。Cls 方法用于清除对象中生成的图形和文本，将光标复位，即移到原点。其格式如下：

```
[Object.]Cls
```

例如：

```
Form2.Cls
```

可清除窗体中的图形和文本。

（6）图形颜色。在 Visual Basic 系统中，所有的颜色属性都由一个 Long 型整数表示，在代码中可使用 4 种方式给颜色赋值。

① 使用 RGB 函数。RGB 函数可返回一个 Long 型整数，用来表示一个 RGB 颜色值。其使用格式如下：

```
RGB(red,green,blue)
```

说明：red，green，blue（红、绿、蓝）3 种颜色，从 0～255 之间的一个亮度值（0 表示亮度最低，而 255 表示亮度最高）。例如：

```
Form1.BackColor=RGB(255,0,0)            '设定背景为红色
```

② 使用 QBColor 函数。QBColor 函数可返回一个 Long 型值，用来表示所对应颜色值的 RGB 颜色码。其使用格式如下：

```
QBColor(color)
```

说明：color 参数是一个界于 0～15 的整型数，分别代表 16 种颜色，如表 8-5 所示。

表 8-5　QBColor 函数

函　　数	效　　果	函　　数	效　　果
QBColor(0)	黑色	QBColor(8)	灰色
QBColor(1)	蓝色	QBColor(9)	亮蓝色
QBColor(2)	绿色	QBColor(10)	亮绿色
QBColor(3)	深青色	QBColor(11)	亮青色
QBColor(4)	红色	QBColor(12)	亮红色
QBColor(5)	品红色	QBColor(13)	亮品红色
QBColor(6)	深黄色	QBColor(14)	亮黄色
QBColor(7)	纸	QBColor(15)	亮白色

③ 使用系统常量。由 Visual Basic 6.0 内部定义，读者可以在"视图"菜单的"对象浏览器"中选择 ColorConstants，查看所有这些常量，在程序中不需要声明就可以直接使用。如：

```
Form1.BackColor=vbRed             '将窗体背景设置为红色
Form1.BackColor=vbGreen           '将窗体背景设置为绿色
```

④ 直接赋值。用十六进制数指定颜色的格式如下：

```
&HBBGGRR
```

其中，BB 指定蓝颜色的值，GG 指定绿颜色的值，RR 指定红颜色的值。每个数段都是两位十六进制数，即从 00～FF。

例如：

```
Form1.BackColor=&HFF0000
```

相当于

```
Form1.BackColor=RGB(0,0,255)
```

(7) Resize 事件。在应用程序运行时,当一个对象(如窗体或图片框)被加载或改变大小之后,会触发该事件,如果此时需要完成一定功能,须在此事件中编写代码。

案例 8-3　Shape 控件使用

【案例效果】

本例是一个显示 Shape 控件的程序,单击"开始"按钮,图形的外观和填充模式会随机改变,效果如图 8-7 所示,单击"结束"按钮图形不再改变,如图 8-8 所示。

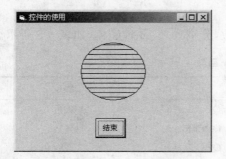
图 8-7　Shape 控件的使用(1)

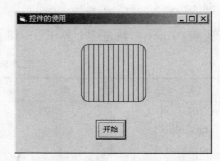
图 8-8　Shape 控件的使用(2)

【设计过程】

1. 界面设计

启动 Visual Basic 6.0,新建一个"标准 EXE"工程,然后在窗体 Form1 上绘制 1 个 Shape 控件、2个 Timer 控件和一个命令按钮(Command1)。设置各个对象的属性后,界面如图 8-9 所示。

2. 属性设置

在属性窗口里进行属性设置,如表 8-6 所示。

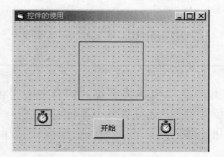
图 8-9　Shape 控件的使用界面设计

表 8-6　属性设置表

对　象	属性名	属性值	对　象	属性名	属性值
Form1	Caption	"控件的使用"	Timer1	Interval	4000
Command1	Caption	"开始"	Timer2	Enabled	False
Timer1	Enabled	False	Timer2	Interval	4000

3. 代码设计

双击命令按钮 Command1，打开代码编辑器，在命令按钮 Command1 的单击事件中写入如下代码：

```
If Command1.Caption="开始" Then
    Command1.Caption="结束"
    Timer1.Enabled=True
    Timer2.Enabled=True
  Else
    Command1.Caption="开始"
    Timer1.Enabled=False
    Timer2.Enabled=False
End If
```

双击时钟控件 Timer1，打开代码编辑器，在其 Timer1_Timer 的事件中写入如下代码：

```
Private Sub Timer1_Timer()
  If Shape1.Shape<5 Then
    Shape1.Shape=Shape1.Shape+1
  Else
    Shape1.Shape=0
  End If
End Sub
```

双击时钟控件 Timer2，打开代码编辑器，在其 Timer2_Timer 的事件中写入如下代码：

```
Private Sub Timer2_Timer()
  If Shape1.FillStyle<7 Then
    Shape1.FillStyle=Shape1.FillStyle+1
  Else
    Shape1.FillStyle=0
  End If
End Sub
```

【相关知识】

1. Shape 控件

Shape 控件用于在窗体或图片框中绘制常见的几何图形。通过设置 Shape 控件的 Shape 属性可以画出多种图形。

2. Shape 控件的相关属性

Shape 控件的 Shape 属性控制所绘几何体的形状，Shape 属性值的含义如表 8-7 所示。

表 8-7   Shape 控件的 Shape 属性值

属 性 值		外观类型	属 性 值		外观类型
0(默认值)	vbShapeRectangle	矩形	3	vbShapeCircle	圆形
1	vbShapeSquare	正方形	4	vbShapeRoundedRectangle	圆角矩形
2	vbShapeOval	椭圆形	5	vbShapeRoundedSquare	圆角正方形

通过设置 Shape 控件的 FillStyle 属性，可以用指定的图案填充区域。FillStyle 属性值的含义如表 8-8 所示。

表 8-8   Shape 控件的 FillStyle 属性值

属 性 值		外观类型	属 性 值		外观类型
0(默认值)	VbFSSolid	实线	4	VbUpwardDiagonal	上斜对角线
1	VbFSTransparent	(默认值)透明	5	VbDownwardDiagonal	下斜对角线
2	VbHorizontalLine	水平直线	6	VbCross	十字线
3	VbVerticalLine	垂直直线	7	VbDiagonalCross	交叉对角线

本 章 小 结

本章主要介绍 Visual Basic 中图形设计的基础知识和技巧，其主要内容包括坐标系统的设置、使用系统提供的方法绘制图形、使用控件来绘制图形以及显示图片的方法。

（1）绘制图形首先要设置坐标系统。Visual Basic 程序中提供了默认的坐标系统，用户也可根据需要自己设置坐标系统。

（2）绘制图形可以使用系统提供的方法，如 Line、Circle、Pset 等。

（3）绘制图形也可使用 Visual Basic 中的图形显示控件，如 Shape；控件 PictureBox 和 Image 可以用来显示图形或者图像。

习   题   8

一、选择题

1. 对画出的图形进行填充，应使用_____属性。
   A. BackStyle   B. FillColor   C. FillStyle   D. BorderStyle
2. 将图片框的_____属性设置成 True 时，可使图片框根据图片调整大小。
   A. Picture   B. AutoSize   C. Stretch   D. AutoRedraw
3. _____可以改变坐标的单位。
   A. DrawStyle 属性   B. Cls 方法   C. ScaleMode 属性   D. DrawWidth 属性
4. Visual Basic 用以下哪一条指令来绘制直线？_____
   A. Line 方法   B. Pset 方法   C. Point 属性   D. Circle 方法
5. Visual Basic 可以用以下哪一条属性来设置边框类型？_____

A. BorderStyle   B. BorderWidth   C. DrawWidth   D. FillColor

6. _____属性可以用来设置所绘线条的宽度。

     A. DrawStyle   B. BorderStyle   C. DrawWidth   D. FillColor

7. 下列_____是用来画圆、圆弧及椭圆的。

     A. Circle 方法   B. Pset 方法   C. Line 属性   D. Point 属性

8. 描述以(1000,1000)为圆心、以 400 为半径画 1/4 圆弧的语句,以下正确的是_____。

     A. Circle(1000,1000),400,0,3.1415926/2

     B. Circle(1000,1000),,400,0,3.1415926/2

     C. Circle(1000,1000),400,,0,3.1415926/2

     D. Circle(1000,1000),400,,0,90

9. 下列语句绘制的是_____。

```
Circle(1000,1000),800,,-3.1415926/3,-3.1415926/2
```

     A. 弧   B. 椭圆   C. 扇形   D. 同心圆

10. 下列语句绘制的是_____。

```
Circle(1000,1000),800,,,,2
```

     A. 弧   B. 椭圆   C. 扇形   D. 同心圆

二、编程题

1. 编程,在图片框中画一个以两点为对角的矩形(图片框中以像素为刻度单位,两点坐标用 InputBox 函数输入)。

2. 编程,以毫米为刻度单位、以窗体中心点为坐标原点,以窗体的高与宽中最小值的 1/3 为半径画一个圆(轮廓线为黄色、线粗 2mm,蓝色填充)。

三、上机题

1. 编程画出如图 8-10 所示图案。

2. 编程实现如下功能:绘制如图 8-11 所示的图形。当窗体大小发生变化时,图形的大小也随着窗体一同调整。

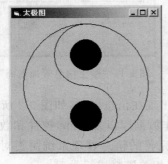 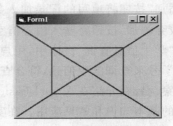

图 8-10 运行效果图(上机题 1)   图 8-11 运行效果图(上机题 2)

第 9 章　数据库编程基础

本章要点：

本章主要介绍数据库的基本概念，以及在 Visual Basic 语言中如何对数据库进行管理。主要知识要点包括：

(1) 理解数据库的基本概念；

(2) 了解 SQL 语言的基本知识；

(3) 了解在 Visual Basic 中数据库访问的常用方式；

(4) 掌握 Data 控件的基本用法。

案例 9-1　学生信息管理系统

【案例效果】

设计程序，程序运行时首先启动如图 9-1 所示的"学生信息管理系统"窗体 Form1，进入软件界面，单击窗体上的"学生信息浏览"、"学生信息添加"和"学生信息查询"按钮，分别打开"学生信息浏览"窗体 Form2、"学生信息添加"窗体 Form3 和"学生信息查询"窗体 Form4，实现学生信息管理中浏览、添加和查询的基本功能。

在"学生信息浏览"窗体中，用户可以单击"上一条"、"下一条"、"首记录"、"末记录"按钮或单击 Data1 控件上的按钮来实现数据库中数据的翻查。

在"学生信息添加"窗体中，用户可以单击"添加记录"按钮，在相关文本框中填写数据后，选择单击"确认添加"按钮将填写的记录加入数据库中，也可以单击"放弃添加"按钮将输入内容清空。

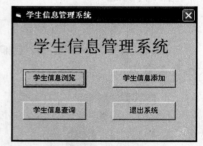

图 9-1　"学生信息管理系统"窗体

在"学生信息查询"窗体中，用户可以选择使用姓名或者学号来查询学生信息，符合查询条件的记录会出现在信息框中，如图 9-2 所示。

该案例旨在介绍在 Visual Basic 中如何访问、操作数据库以及 Data 控件和数据库约束控件的基本知识和常见应用。在实际应用中，一个完善的信息管理系统需要对数据库和应用程序进行详细的规划、设计，若有兴趣可以参阅相关资料进行学习。

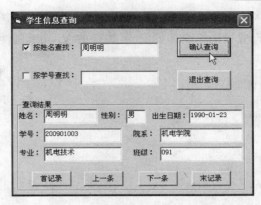

图 9-2　"学生信息查询"窗体

【设计过程】

1. 界面设计

(1) 启动 Visual Basic 6.0,在"新建工程"窗口选择新建一个"标准 EXE"工程,单击"打开"按钮自动出现一个新窗体,继续添加 3 个窗体,分别用作浏览、添加、查询窗体。

(2) 在 Form1 等窗体上单击工具箱的命令按钮等控件,然后在窗体上绘制出控件对象,创建出相应软件界面,如图 9-1～图 9-4 所示。

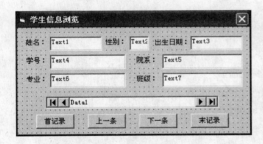

图 9-3　"学生信息浏览"窗体

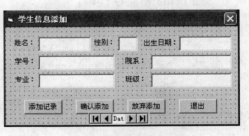

图 9-4　"学生信息添加"窗体

2. 属性设置

在窗体中,为了能更好地显示数据,统一将窗体的 BorderStyle 属性设置为"3",将 Startupposition 属性设置为"1";用来显示数据库数据的文本框,显示内容在几个窗体中都相同,作为数据库约束控件,它们的 Datasource 属性都为"Data1",它们的 DataField 属性设置分别对应数据库的各个字段,具体设置如表 9-1 所示。

表 9-1　约束控件属性设置表

对　象	属性名	属性值	对　象	属性名	属性值
Text1	DataField	姓名	Text5	DataField	院系
Text2	DataField	性别	Text6	DataField	专业
Text3	DataField	出生日期	Text7	DataField	班级
Text4	DataField	学号			

　　Form3、Form4 窗体中的 Data 控件主要用于加载数据库,在应用中不需要对其操作,为保持软件界面简洁,设置这两个窗体的 Data 控件的 Visible 属性值为 True。

3. 代码设计

(1) Form1 模块中代码:

```
Private Sub Command1_Click()          'Command1 为"学生信息浏览"按钮
    Form2.Show 1
End Sub


Private Sub Command2_Click()          'Command2 为"学生信息添加"按钮
    Form3.Show 1
End Sub


Private Sub Command3_Click()          'Command3 为"学生信息查询"按钮
    Form4.Show 1
End Sub


Private Sub Command4_Click()          'Command4 为"退出系统"按钮
    End
End Sub
```

(2) Form2 模块中代码:

```
Private Sub Form_Load()
    If Right(App.Path,1)="\" Then
        Data1.DatabaseName=App.Path+"stu.mdb"
    Else
        Data1.DatabaseName=App.Path+"\stu.mdb"
    End If

    Data1.RecordSource="stu"
    Data1.Refresh

End Sub


Private Sub Command1_Click()          'Command1 为"首记录"按钮
    Data1.Recordset.MoveFirst
End Sub


Private Sub Command2_Click()          'Command2 为"上一条"按钮
    Data1.Recordset.MovePrevious
    If Data1.Recordset.BOF Then Data1.Recordset.MoveFirst
End Sub
```

```
Private Sub Command3_Click()                    'Command3 为"下一条"按钮
    Data1.Recordset.MoveNext
    If Data1.Recordset.EOF Then Data1.Recordset.MoveLast
End Sub


Private Sub Command4_Click()                    'Command4 为"末记录"按钮
    Data1.Recordset.MoveLast
End Sub
```

（3）Form3 模块中代码：

```
Private Sub Form_Load()
    If Right(App.Path,1)="\" Then
        Data1.DatabaseName=App.Path+"stu.mdb"
    Else
        Data1.DatabaseName=App.Path+"\stu.mdb"
    End If

    Data1.RecordSource="stu"
    Data1.Refresh
    Command2.Enabled=False
    Command3.Enabled=False
End Sub


Private Sub Command1_Click()                    'Command1 为"添加记录"按钮
    Data1.Recordset.AddNew
    Text1(0).SetFocus
    Command2.Enabled=True
    Command3.Enabled=True
    Command4.Enabled=False
    Command1.Enabled=False
End Sub


Private Sub Command2_Click()                    'Command2 为"确认添加"按钮
    Data1.UpdateRecord
    Command2.Enabled=False
    Command3.Enabled=False
    Command4.Enabled=True
    Command1.Enabled=True
End Sub


Private Sub Command3_Click()                    'Command3 为"放弃添加"按钮
    For i=0 To 6
        Text1(i).Text=""
    Next
```

```
        Command2.Enabled=False
        Command3.Enabled=False
        Command4.Enabled=True
        Command1.Enabled=True
    End Sub

    Private Sub Command4_Click()                'Command4 为"退出"按钮
        Unload Me
    End Sub
```

（4）Form4 模块中代码：

```
    Private Sub Form_Load()
        If Right(App.Path,1)="\" Then
            Data1.DatabaseName=App.Path+"stu.mdb"
        Else
            Data1.DatabaseName=App.Path+"\stu.mdb"
        End If
        Text8.Enabled=False
        Text9.Enabled=False
        Frame1.Enabled=False
    End Sub


    Private Sub Check1_Click()                  '按姓名查找
        If Check1.Value=1 Then
            Text8.Enabled=True
            Text8.SetFocus
        Else
            Text8.Text=""
            Text8.Enabled=False
        End If
    End Sub


    Private Sub Check2_Click()                  '按学号查找
        If Check2.Value=1 Then
            Text9.Enabled=True
            Text9.SetFocus
        Else
            Text9.Text=""
            Text9.Enabled=False
        End If
    End Sub


    Private Sub Command5_Click()                '确认查询
```

```
Dim ssql As String
If Check1.Value=0 And Check2.Value=0 Then
    MsgBox "请先选择查询项!"
    Exit Sub
End If

If Check1.Value=1 And Check2.Value=1 Then            '按姓名和学号查找
    ssql="select * from stu where 姓名='"& Text8.Text &"'and 学号='"& Text9.Text &"'"
End If

If Check1.Value=1 Then                              '按姓名查找
    ssql="select * from stu where 姓名='"& Text8.Text & "'"
End If

If Check2.Value=1 Then                              '按学号查找
    ssql="select * from stu where 学号='" & Text9.Text & "'"
End If
Data1.RecordSource=ssql
Data1.Refresh
Frame1.Enabled=True

End Sub

Private Sub Command6_Click()                         '退出查询
    Unload Me
End Sub
```

【相关知识】

1. 数据库基本概念

随着计算机的普及,数据库技术在各个行业的信息处理中扮演着重要角色。数据库技术所研究的问题是如何科学地组织和存储数据,如何高效地获取和处理数据。

数据库是以一定的组织形式存储在计算机中的相关数据的集合。数据库根据数据模型的不同主要分为层次型数据库、网状型数据库、关系型数据库,其中关系型数据库是当今世界数据库的主流模型。

数据库管理系统(DBMS)是对数据库进行管理的软件,为用户与数据库之间提供了对数据库进行操作的各种命令及方法,例如数据库的建立及数据的输入、检索和统计等操作。常见的数据库管理系统有 Oracle、SQL Server、Access、Visual FoxPro 等。

2. 关系型数据库

关系型数据库是以关系模型为基础的数据库,是由众多数据表(Table)构成的,数据存放在数据表中。结合如图 9-5 所示数据表的结构,介绍有关数据库的几个基本术语。

学号	姓名	院系	班级
20100101	李雷	资环	环境101
20100102	韩梅梅	资环	环境101
20100103	王小帅	资环	环境101
…	…	…	…

图 9-5　关系型数据表结构

（1）记录（Record）。在关系数据库的表中，每行称为一条记录。记录是一个不可分割的整体，它包含若干个字段，在表中不允许出现完全相同的记录，但记录出现的先后顺序可以任意。

（2）字段（Field）。关系数据库表中的每列称为一个字段。

（3）主关键字（Key）。主关键字又称主键，它是表中一个字段或几个字段的组合，主键可以唯一地确定一条记录。

（4）索引（Index）。为了提高数据库的访问效率，将表中的记录按照一定的顺序进行排列，建立一个只有索引字段和记录号的索引表，以便通过索引表来快速的确定要访问记录的位置。

3．建立数据库

（1）启动数据库管理器。在 Visual Basic 环境中选择"外接程序"|"可视化数据管理器"菜单项，打开可视化数据管理器（VisData），如图 9-6 所示。

（2）建立数据库。选择"文件"|"新建"|"Microsoft Access"|"Version 7.0 MDB"菜单项，打开"选择要创建的 Microsoft Access 数据库"对话框，在对话框中输入需要新建的数据库文件名后，单击"保存"，在可视化数据管理器窗口的工作区中将出现如图 9-7 所示的数据库窗口。

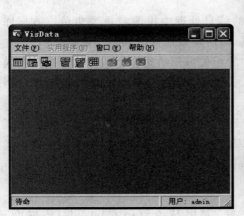

图 9-6　可视化数据管理器

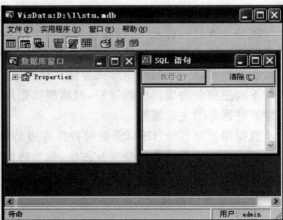

图 9-7　数据库窗口

（3）建立数据表。右击数据库窗口空白处，从弹出的快捷菜单中选择"新建表"菜单项，打开如图 9-8 所示的"表结构"对话框，输入表名称（如"stu"）后，单击"添加字段"按钮，打开如图 9-9 所示的"添加字段"对话框，输入字段名称，设置类型和大小后，单击"确定"按钮就可完成当前字段的添加。如有其他字段，可再次单击"添加字段"按钮，继续添加字段。在一个库中可建立多个不同名称的表。

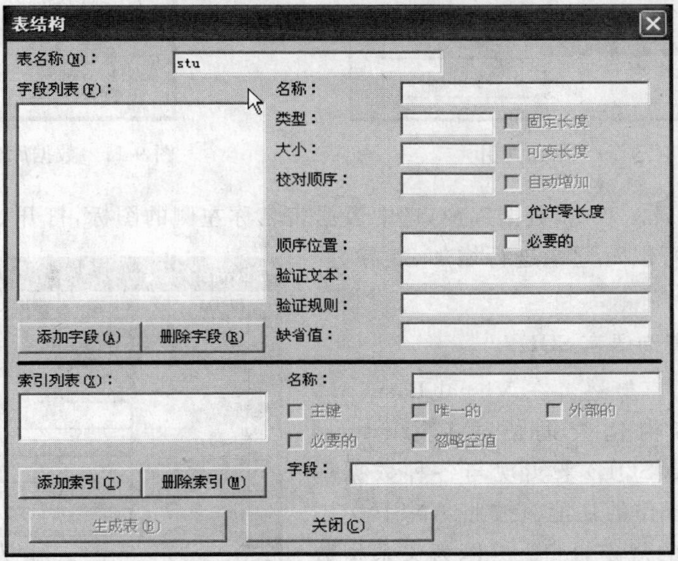

图 9-8　"表结构"对话框

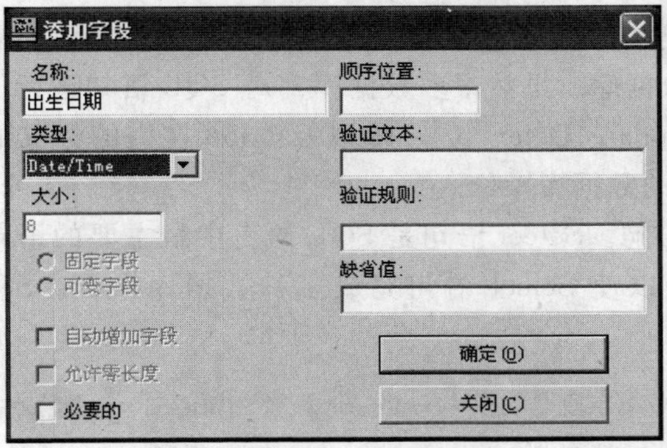

图 9-9　"添加字段"对话框

（4）添加索引。为数据表添加索引可以提高数据检索的速度。在图 9-8 所示的"表结构"对话框中单击"添加索引"按钮，打开如图 9-10 所示的"添加索引到 stu"对话框。在"名称"文本框中输入索引名称"ID"，在"可用字段"列表框中选择需要为其设置索引的字段"学号"，并设置是否为主索引或唯一索引（无重复），设置好后，单击"确定"按钮创建索引。当添加完所有字段和创建相应索引后，单击图 9-8 中的"生成表"按钮即可建立数据表。数据表生成后，可以在"数据库窗口"中浏览相应字段、索引情况，如图 9-11 所示。

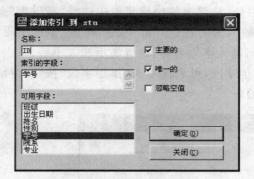

图 9-10   添加索引

图 9-11   数据库创建完成

（5）输入记录。双击"数据库窗口"中数据表名称左侧的图标,打开如图 9-12 所示的记录操作窗口,可以对记录进行增加、删除、修改等操作。

4. 结构化查询语言 SQL

（1）SQL 语言概述。在 Visual Basic 6.0 中可以通过结构化查询语言（Structured Query Language,SQL）来实现与各种数据库建立联系、进行操作的功能。按照 ANSI（美国国家标准协会）的规定,SQL 被作为关系型数据库管理系统的标准语言。绝大多数流行的关系型数据库管理系统,如 Oracle、Sybase、

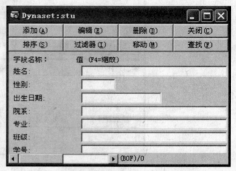

图 9-12   记录操作窗口

SQL Server、Access 等都采用了 SQL 语言标准。用户只需告诉需要数据库做什么,而不必管 SQL 怎样访问数据库。虽然很多数据库都对 SQL 语句进行了再开发和扩展,但是包括 Select、Insert、Update、Delete、Create 以及 Drop 在内的标准的 SQL 命令仍然可以被用来完成几乎所有的数据库操作。

（2）Select 查询语句。Select 语句是 SQL 语言中最主要的语句,通过 Select 语句中不同的选项和子句可以使 Select 语句完成多种数据库操作。Select 语句的语法格式如下:

Select [Distinct] <字段名列表>/ * From<表名>[Where <查询条件>][Order by<字段>]

其中参数含义如下:

Select 表示该语句的主要功能是从数据库中按指定条件获取数据。

Distinct 选项用于滤掉选定列中含有重复数据的记录,以保证 Select 语句中列出的每一列的值是唯一的。

<字段名列表>中的各字段名需用逗号分隔;* 号是通配符,代表选用记录中的全部字段名。若<字段名列表>中的字段选自不同的表,则必须在字段名前加表名前缀。

Where<查询条件>选项用于指定查询记录必须满足的条件。

Order by<字段>选项用于指定查询记录的排序字段或排序字段的组合。

下面通过一组应用举例来详细说明 Select 语句具体用法。

① 用 Select 语句从 Stu 表中查询记录,并包括全部字段:

```
Select * From Stu
```

② 用 Select 语句从 Stu 和 Score 两表中查询记录,显示部分要求字段:

```
Select Stu.姓名, Stu.班级, Score.英语 From Stu,Score.
```

③ 用 Select 语句从 Stu 表中查询班级是"资环 101"的记录:

```
Select * From Stu Where 班级="资环 101"
```

Where 子句也可以使用关系运算符表达式作为条件,例如 英语>=80;也可以使用逻辑运算表达式来表示复合条件,例如 英语>=80 AND 语文>=80。

④ 用 Select 语句从 Stu 中查询记录,且要求按"出生日期"字段从小到大排序:

```
Select * From Stu Order By 出生日期
```

⑤ 用 Select 语句是对 Score 表中字段"英语"进行求和。

```
Select Sum(英语)As S From Score
```

其中参数含义如下:

语句中的 Sum()是函数,用于对数值型数据求和。Select 语句中还可以用 Avg()(求平均数的函数)、Count()(统计记录数的函数)、Max()(求字段最大值的函数)、Min()(求字段最小值的函数)对记录进行操作。

As <变量名> 用于保存求和的结果,查询所得记录集中的字段名称是在此定义的变量名,而非原字段名。使用求和结果时,可以直接调用变量 S。

⑥ 用 Select 语句是对"Score"表中的英语成绩按"班级"进行分组求和。

```
Select 班级,Sum(英语)As S From Score Group By 班级
```

(3) 其他 SQL 语句。

① Insert 语句。

语法格式:

```
Insert Into <表名>(字段名列表)<Values(字段值列表)/Select 语句>
```

Insert 语句的功能是向指定表中添加一行或多行记录。当用户需要从另一个表向某表成批添加多行记录时应选用 Select 语句。

② Update 语句。

语法格式:

```
Update <表名>Set <字段名 1>=<表达式 1>,<字段名 2>=<表达式 2>,…<字段名 n>=<表达式 n>[Where<条件>]
```

Update 语句的功能是用表达式的值替换指定记录相应字段的值。若没有

Where<条件>选项,Update 语句仅替换当前记录的字段值。

③ Delete 语句。

语法格式:

```
Delete From <表名>[Where<条件>]
```

Delete 语句用于删除指定表中指定记录。若没有 Where<条件>选项,Delete 语句仅删除当前记录。

④ Create 语句。

* 用 Create 语句创建数据库。

  语法格式:

```
Create DataBase <数据库名>
```

* 用 Create 语句创建数据表。

  语法格式:

```
Create Table <表名>(<字段名 1><类型>[Not null],<字段名 2><类型>[Not null],…
<字段名 n><类型>[Not null])
```

* 用 Create 语句创建视图。

  语法格式:

```
Create View <视图名>[视图字段名表] As [Select 语句]
```

⑤ Drop 语句。

* 删除表。

  语法格式:

```
Drop Table <表名>
```

* 删除视图。

  语法格式:

```
Drop View <视图名>
```

5. 常用控件

(1) 数据约束控件。在 Visual Basic 中,数据库中数据不能直接显示在一些控件对象中,必须通过将数据库字段与控件进行绑定来实现显示功能,常用的数据显示控件有:TextBox、Label、ListBox、ComboBox、CheckBox 等。

下面将以例程中应用最多的文本框控件的数据绑定过程为例,介绍如何设置控件显示数据库中相应字段信息。

文本框控件在数据库应用程序中主要用于显示、修改、输入 Data 控件数据中某个字段的值。设置数据绑定控件的主要属性主要有以下 3 个:

① DataSource 属性。该属性用于选择文本框数据绑定控件的数据源。在例程中,Text1 的数据源是数据控件 Data1,所以就需要在 Text1 控件的 DataSource 属性中通过

单击下拉菜单选择输入 Data1。

② DataField 属性。当用户正确选择了文本框数据绑定控件的数据源后,还需要通过 DataField 属性来选择文本框控件显示的数据库字段。在例程中,Text1 的数据源是 Data1,Text1 中的数据是"姓名"字段,就需要在 DataField 属性中通过单击下拉菜单选择输入:姓名。如果单击下拉菜单没有相应数据库的字段出现,则多为 Data 控件的 Recordsource 属性设置不正确。

③ DataFormat 属性。该属性用于选择文本框数据绑定控件中数据的显示格式,格式中主要包括:通用、数字、货币、日期、时间、百分数、复选框、图片、自定义等,系统默认格式为"通用"。用户可根据需要和文本框控件所显示数据的类型,来设置 Text1 中数据的显示格式。

通过这 3 个属性的设置,文本框控件就可以显示绑定数据源所指定记录集的相关数据信息,其他数据库约束控件的设置方法基本雷同,在此不再赘述。

(2) Data 控件。Data 控件是最简单的 DAO 数据控件,Data 控件通过 MS Jet 数据库引擎来访问 Access、FoxPro 等小型数据库,Visual Basic+Access 的模式常用于单机版小型应用软件的开发。

① 常用属性

- Connect 属性。用于指定 Data 控件连接的数据库类型,默认值为 1,即 Access 数据库文件。

- DataBaseName 属性。Data 控件在进行数据库连接时比 Adodc 控件简单,只需在 Data 控件的 DataBaseName 属性中指定所连接数据库的路径和数据库名称即可。

- RecordSource 属性。当用户正确连接数据库后,就应当令 Data 控件确定访问数据库表或查询中的数据,这些数据构成记录集对象 Recordset。RecordSource 属性中既可以是所连数据库中的一个表名,也可是一条 SQL 语句。

- RecordsetType 属性。RecordsetType 属性用于指定 Data 控件连接的记录集类型,包括表、动态集、快照。如果使用 Microsoft Access 数据库,最好选择表类型。

- Readonly 属性。Readonly 属性用于设置 Data 控件记录集的只读属性,当 Readonly 属性设置为 True 时,记录集的只读属性为真,不能对记录集进行写操作。

- Exclusive 属性。Exclusive 属性用于设置被打开的数据库是否被独占,即已被打开的数据库是否允许被其他应用程序共享。若 Exclusive 属性设置为 True,表示该数据库被独占,此时其他应用程序将不能再打开和访问该数据库。

② 常用方法

- Refresh 方法。如果数据控件在设计状态没有对控件的有关属性全部赋值,或当程序运行时 RecordSource 被重新设置后,必须用 Refresh 方法激活这些变化。

  例:在窗体的 Load 事件中,编程定义 Data1 控件所连接的数据库 zlgl.mdb 和操作人员数据表。窗体的 Load 事件的源程序如下:

```
Private Sub Form_Load()
    Data1.DatabaseName="D:\zlgl\zlgl.mdb"
```

```
            Data1.RecordSource="操作人员表"
            Data1.Refresh
       End Sub
```

- UpdateControls 方法。UpdateControls 方法可以将数据从数据库中重新读到被 Data 数据控件绑定的控件内，以终止用户对绑定控件内数据的修改。

③ 常用事件。

- Validate 事件。在一条不同的记录成为当前记录之前，Update 方法之前（用 UpdateRecord 方法保存数据时除外），以及 Delete、Unload 或 Close 操作之前会发生该事件。

该事件过程格式如下：

```
Private Sub object _Validate ([index As Integer,] action As Integer, save As
Integer)
    ...
Endsub
```

其中参数含义如下。

object 是一个对象表达式，该对象一定能在"应用于"列表中找到。

index 如果在一个控件数组中，则可用来识别该控件。

action 用来指示引发这种事件的操作，属性值含义如表 9-2 所示。

表 9-2　action 属性值含义

常　数	值	描　　述
vbDataActionCancel	0	当 Sub 退出时取消操作
vbDataActionMoveFirst	1	MoveFirst 方法
vbDataActionMovePrevious	2	MovePrevious 方法
vbDataActionMoveNext	3	MoveNext 方法
vbDataActionMoveLast	4	MoveLast 方法
vbDataActionAddNew	5	AddNew 方法
vbDataActionUpdate	6	Update 操作(不是 UpdateRecord)
vbDataActionDelete	7	Delete 方法
vbDataActionFind	8	Find 方法
vbDataActionBookmark	9	Bookmark 属性已被设置
vbDataActionClose	10	Close 的方法
vbDataActionUnload	11	窗体正在卸载

save 用来指定被连接的数据是否改变，属性值为 False 时被连接数据未改变，属性值为 True 时被连接数据已被改变。

- Reposition 事件。当加载一个 Data 控件时，Recordset 对象中的第一条记录成为当前记录，会发生 Reposition 事件。无论何时只要用户单击 Data 控件上某个按钮，进行记录间的移动，或者使用了某个 Move 方法（如 MoveNext）、Find 方法（如 FindFirst），或任何其他改变当前记录的属性或方法，在每条记录成为当前记录以后,均会发生 Reposition 事件。

Validate 事件则是在当前记录移动到一条不同记录之前出现。

(3) 记录集 Recordset 对象。Adodc 和 Data 数据控件都有记录集对象 Recordset,两者记录集 Recordset 的属性和方法基本相同,但在个别属性和方法中也有所区别。

① 常用属性。

- AbsolutePosition 属性。用于在编程时返回记录集中当前记录的记录位置(从 0 开始)。
- RecordCount 属性。该属性是只读属性,用于统计记录集中的记录个数。为了保证其准确性,在使用该属性值之前,最好先将记录指针移到记录集中最后一条记录上。
- BOF 和 EOF 属性。BOF 属性用于在编程中测试记录集中的记录指针的移动是否超过首记录;EOF 属性用于在编程中测试记录集中的记录指针的移动是否超过尾记录;若超过,则 BOF 和 EOF 的属性值为 True,否则为 False。

  在使用中要注意以下情况:若记录集中无记录,则 BOF 和 EOF 均为 True;当 BOF 或 EOF 的值为 True 后,只有将记录指针移到记录集的某条记录上,其值才会变为 False;BOF 或 EOF 的值为 False 时,若记录集中唯一的记录被删除时,它们的值仍保持为 False;当新建或打开一个至少含有一条记录的记录集时,第一条记录为当前记录,BOF 和 EOF 均为 False。

- Filter 属性。Filter 属性用于对 Recordset 中的数据按指定条件进行筛选。

② 常用方法。

- Addnew 方法。Addnew 方法的功能是在记录集中增加新记录。

注意:如果要将新增记录物理添加到数据控件所对应的数据表中,则还需要对新增记录中的字段赋值或通过数据约束控件输入,并用 Update 方法更新。

- Update 方法。Update 方法和 UpdateBatch 方法均可以将记录集中更改或新增的记录保存到记录集对应的数据表中,两者的区别在于:Update 只更新保存当前记录,UpdateBatch 方法可以成批地更新保存多个记录。
- Delete 方法。Delete 方法用于删除记录集中的当前记录,记录被删除后,不作任何警告或提示,而且当前记录仍在显示,此时必须移动记录指针才能令被删除的记录消失。当前记录被删除后会自动物理更新 Data 数据控件所连接的数据。

  在例程中,如果要删除姓名为"周明明"的记录,可以使用如下代码:

```
With Data1.Recordset
    If .RecordCount>0 Then
        .MoveFirst
        Do While Not .EOF
            If !姓名="周明明" Then
                .Delete
        End If
        .MoveNext
        Loop
```

```
    End If
End With
Data1.Refresh
```

- Move 方法。Move 方法用于移动记录集中的记录指针,Move 方法中又包括下列 4 个具体方法。

  MoveFirst:记录指针移到第一条记录。

  MoveLast:记录指针移到最后一条记录。

  MoveNext:记录指针移到下一条记录。

  MovePrevious:记录指针移到上一条记录。

- Find 方法。Find 方法在 Data 数据控件的记录集中都是常用的方法,用于在记录集中从头查找符合指定条件的记录,若找到则将查找到的记录作为当前记录,否则记录集的 EOF 属性值变为 True。

  FindFirst:从记录集中查找满足条件的第一条记录

  FindLast:从记录集中查找满足条件的最后一条记录。

  FindPrevious:从当前记录查找满足条件的上一条记录。

  FindNext:从当前记录查找满足条件的下一条记录。

  Data 控件中 Find 方法的语法格式如下:

  ```
  <数据集合>.Find <条件>
  ```

  在例程中,在 Data1 的记录集中查找名为"周明明"的记录,查找与赋值的主要程序如下:

  ```
  xm="周明明"
  Data1. Recordset. MoveFirst
  tj="姓名=" & "'" & xm & "'"
  Data1.Recordset.FindFirst tj
  ```

- Close 方法。Close 方法用于关闭记录集,使用 Close 方法关闭 Recordset 对象的同时,将释放相关联的数据和可能已经通过该特定 Recordset 对象对数据进行的独立访问。

- Edit 方法。当用户需要编程对 DAO 记录集数据进行修改时必须使用 Edit 方法,否则无法对记录集的数据进行更新。

本 章 小 结

本章介绍了数据库的基本概念、结构化查询语言 SQL 的用法、数据库访问方式以及数据控件等。学习过本章内容后,应该了解 Visual Basic 中数据库访问的常用方式,熟悉结构化查询语言 SQL 的用法,能够应用数据控件 Data 和常用数据库约束控件来构成基本的数据库管理系统,实现数据库的基本操作。

习 题 9

一、简答题

1. 在 Visual Basic 中可以访问哪些类型的数据库？

2. 如何在记录集内移动、定位、编辑、删除和添加数据？

3. 如何使文本框与数据控件绑定？

4. 什么是 SQL 语句？如何在 Visual Basic 中使用 SQL 语句？

二、选择题

1. 结构化的查询语言是_____数据库语言的通用标准。

    A. 层次   B. 关系   C. 逻辑   D. 网状

2. SQL 语句通常由_____等组成。

    A. 命令   B. 字句   C. 函数   D. 命令、字句和函数

3. 以下说法错误的是_____。

    A. 一个数据库可以有多个表   B. 一个表只可以建立一个索引

    C. 同一个字段的数据具有相同的类型   D. 利用索引可加快数据库搜索速度

4. Access 数据文件的扩展名是_____。

    A. .db   B. .doc   C. .vbp   D. .mdb

三、上机题

使用可视化数据库管理器建立一个 Access 数据库 myscore.mdb，建立表 score，结构如下表所示。设计一个窗体，能够实现对数据库中的数据进行添加、编辑、删除和查询等功能。

数据表 Score 的结构

字段名称	数据类型	大小	字段名称	数据类型	大小
姓名	Text	10	数学	Single	
学号	Text	10	英语	Single	
语文	Single				

附录 A   Visual Basic 6.0 函数表

类别	函 数 名	返回类型	功　　能
算术函数	Abs(x)	与 x 相同	x 的绝对值
	Atn(x)	Double	角度 x 的反正切
	Cos(x)	Double	角度 x 的余弦值
	Exp(x)	Double	e(自然对数的底)的幂值
	Fix(x)	Double	x 的整数部分
	Int(x)	Double	x 的整数部分
	Log(x)	Double	x 的自然对数
	Rnd(x)	Single	一个大于 0 小于 1 的随机数
	Sgn(x)	Variant Integer	若 $x>0$,则返回值为 1
			若 $x=0$,则返回值为 0
			若 $x<0$,则返回值为 -1
	Sin(x)	Double	角度 x 的正弦值
	Sqr(x)	Double	x 的平方根
	Tan(x)	Double	角度 x 的正切值
	Val(x)	Double	字符串转换的数值
	Asc(x)	Integer	字符串首字母的 ASCII 代码
	Chr(x)	String	ASCII 代码指定的字符
	Str(x)	String	数值转换的字符串
字符串函数	Ltrim(字符串)	String	去掉字符串左面的空格
	Rtrim(字符串)	String	去掉字符串右面的空格
	Trim(字符串)	String	去掉字符串两面的空格
	Left(字符串,长度)	String	从左起取指定个数的字符
	Right(字符串,长度)	String	从右起取指定个数的字符

续表

类别	函 数 名	返回类型	功 能
字符串函数	Mid(字符串,开始位置[,长度])	String	从开始位置起取指定个数的字符
	Instr(字符串1,字符串2)	Variant Integer	串2在串1中最先出现的位置
	Len(字符串)	Variant Integer	获取字符串长度
	String(长度,字符)	String	重复数个字符
	Space(长度)	String	插入数个空格
	Lcase(字符串)	String	转成小写
	Ucase(字符串)	String	转成大写
	Strcomp(字符串1,字符串2[,比较])	Variant Integer	串1＜串2 －1 串1＝串2 0 串1＞串2 1
日期时间函数	Day(日期)	Integer	返回参数中的日期
	Month(日期)	Integer	返回参数中的月份
	Year(日期)	Integer	返回参数中的年份
	Weekday(日期)	Integer	返回参数对应的星期
	Time	Date	返回当前系统时间
	Date	Date	返回当前系统日期
	Now	Date	返回当前系统日期和时间
	Hour(时间)	Integer	返回参数中的小时
	Minute(时间)	Integer	返回参数中的分钟
	Second(时间)	Integer	返回参数中的秒钟

附录 B ASCII 码表

十六进制	十进制	字符	十六进制	十进制	字符	十六进制	十进制	字符	十六进制	十进制	字符
00	0	nul	17	23	etb	2e	46	.	45	69	E
01	1	soh	18	24	can	2f	47	/	46	70	F
02	2	stx	19	25	em	30	48	0	47	71	G
03	3	etx	1a	26	sub	31	49	1	48	72	H
04	4	eot	1b	27	esc	32	50	2	49	73	I
05	5	enq	1c	28	fs	33	51	3	4a	74	J
06	6	ack	1d	29	gs	34	52	4	4b	75	K
07	7	bel	1e	30	re	35	53	5	4c	76	L
08	8	bs	1f	31	us	36	54	6	4d	77	M
09	9	ht	20	32	sp	37	55	7	4e	78	N
0a	10	nl	21	33	!	38	56	8	4f	79	O
0b	11	vt	22	34	"	39	57	9	50	80	P
0c	12	ff	23	35	#	3a	58	:	51	81	Q
0d	13	er	24	36	$	3b	59	;	52	82	R
0e	14	so	25	37	%	3c	60	<	53	83	S
0f	15	si	26	38	&	3d	61	=	54	84	T
10	16	dle	27	39	`	3e	62	>	55	85	U
11	17	dc1	28	40	(	3f	63	?	56	86	V
12	18	dc2	29	41	)	40	64	@	57	87	W
13	19	dc3	2a	42	*	41	65	A	58	88	X
14	20	dc4	2b	43	+	42	66	B	59	89	Y
15	21	nak	2c	44	,	43	67	C	5a	90	Z
16	22	syn	2d	45	—	44	68	D	5b	91	[

续表

十六进制	十进制	字符	十六进制	十进制	字符	十六进制	十进制	字符	十六进制	十进制	字符
5c	92	\	65	101	e	6e	110	n	77	119	w
5d	93	]	66	102	f	6f	111	o	78	120	x
5e	94	^	67	103	g	70	112	p	79	121	y
5f	95	_	68	104	h	71	113	q	7a	122	z
60	96	`	69	105	i	72	114	r	7b	123	{
61	97	a	6a	106	j	73	115	s	7c	124	|
62	98	b	6b	107	k	74	116	t	7d	125	}
63	99	c	6c	108	l	75	117	u	7e	126	~
64	100	d	6d	109	m	76	118	v	7f	127	del

附录 C　程 序 调 试

在程序设计的过程中,无论程序员编程时如何的谨慎,也难免程序中会出现这样那样的错误。而且随着程序代码量的逐渐增加,出错的概率也将成倍增长。程序调试就是对已经编写的程序进行测试,查找程序中隐藏的错误,并将这些错误修正和排除。Visual Basic 提供了便捷、有效的程序调试工具和处理错误的方法。

1. 错误类型

错误的基本类型有 3 种:编译错误,运行错误和逻辑错误。

(1) 编译错误。编译错误是指由于违反了 Visual Basic 有关语句语法而产生的错误。例如:关键字不正确,标点符号遗漏,分支结构或循环结构不完整或不匹配,内置常数拼写出错等。

选择"工具"|"选项"菜单项,从弹出的"选项"对话框中选择"自动语法检测",如图 C-1 所示。

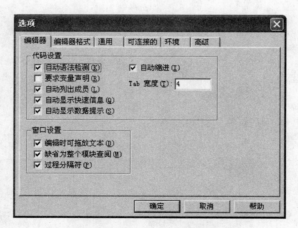

图 C-1　"选项"对话框

对于编译错误,在输入一行代码按 Enter 键后,Visual Basic 系统即可检测出来,并将错误加亮,显示消息框指出错误的原因,如果需要了解详细的错误原因,可以单击"帮助"按钮。

(2) 运行错误。运行错误是指语句本身正确但是不能正确执行,从而导致程序产生错误。例如,使用一个不存在的对象,或使用一个某些关键属性没有正确设置的对象等。

运行错误,系统也会检测到,并给出相应的错误信息,终止程序的运行。

(3) 逻辑错误。程序中的语句是合法的,而且能够执行,但是由于编写的程序代码不能实现预定的处理功能而产生的错误。

逻辑错误很难查找,需要通过检测程序并分析产生的结果才能检查出来。不过Visual Basic 提供的调试工具能够帮助用户定位逻辑错误,并可以通过消息框提示错误的类型。

2. Visual Basic 调试工具

程序的调试是定位和修改那些使程序不能正确运行的错误的过程。使用 Visual Basic 的调试工具可以便捷、有效地检查错误产生的地点和原因。

(1) 程序调试工具栏。Visual Basic 提供了一个专用的程序调试工具栏,如果该工具栏不可见,只要在任何工具栏上右击,从弹出的快捷菜单中选择"调试",使其前面出现一个对号标记即可。

图 C-2 所示的即是调试工具栏,从左到右的按钮依次是"启动"、"中断"、"结束"、"切换断点"、"逐语句"、"逐过程"、"跳出"、"本地窗口"、"立即窗口"、"监

图 C-2 调试工具栏

视窗口"、"快速监视"、"调用堆栈"。可以利用该工具栏提供的按钮运行要测试的程序、中断程序的运行、在程序中设置断点、监视变量、单步调试和过程跟踪等,以查找和排除代码中存在的逻辑错误。

(2) 调试菜单。除了通过打开调试工具栏可以进行调试外,Visual Basic 还可以单击"调试"按钮,在"调试"菜单中也有"启动"、"中断"、"结束"等命令。调试窗口的打开也可以通过单击"视图"按钮,选择"本地窗口"、"立即窗口"和"监视窗口"命令。程序的启动也可以单击"运行"按钮实现。

3. 调试程序

(1) 中断模式的进入和退出。Visual Basic 共有 3 种工作模式:设计模式、运行模式和中断模式。Visual Basic 的标题栏总是显示当前的工作模式。

程序在执行过程中被停止,成为"中断"。在中断状态下,用户可以调试变量及属性的当前值,从而了解程序执行是否正常。还可以修改程序的源代码,观察界面情况,修改变量及属性值和修改程序流程等。下列四种情况系统进入中断模式:

① 程序运行时发生错误,被系统检测到而中断。

② 程序运行中,用户按下 Ctrl+Break 组合键,或选择"运行"|"中断"菜单项。

③ 用户在程序代码中设置了断点,程序运行到断点后即进入中断模式。

④ 采用逐句或逐过程时,每执行完一行语句或一个过程后即进入中断模式。

在程序代码中用了 Stop(暂停)语句,当执行到 Stop 语句时也会产生中断,但是这种方法会带来副作用,已经很少使用了。

进入中断模式后,如果要退出并继续运行程序,则可选择"运行"|"继续"菜单项。如果要结束运行,则可选择"运行"|"结束"菜单项。

（2）控制程序的运行。调试中最重要的是控制程序的运行。

① 启动。启动是从"启动窗口"开始运行程序。"启动窗口"的设置是通过选择"工程"|"工程属性"菜单项打开对话框进行选择。

② 逐语句运行。逐语句运行即单步运行，是指每执行一条语句就发生中断，可以逐句地检查执行状况和执行结果。当程序执行到过程调用语句时，程序将进入被调用的过程中，然后从过程的开始语句逐句执行。

按 F8 键或选择"调试"|"逐语句"菜单项可单步运行。在"代码编辑器"窗口中，标志下一条要执行的语句的箭头和彩色框也随之移动到下一句。

③ 逐过程运行。当程序运行到调用过程时，逐过程运行将整个过程作为整体来执行。一般在确认某些过程不存在错误时选用，这样就不必对该过程中的语句逐个调用。

按 Shift＋F8 键或选择"调试"|"逐过程"菜单项来实现逐过程运行。

④ 从过程中跳出。逐语句执行进入某个过程内部后，如果要跳出过程，可选择从过程跳出，按 Ctrl＋Shift＋F8 键或选择"调试"|"跳出"菜单项，即可跳出该过程。

⑤ 运行到光标处。如果不需要单步执行每一行，可以直接跳到光标所在处继续执行。先将光标定位到问题可能发生的部分，然后按 Ctrl＋F8 键或选择"调试"|"运行到光标处"菜单项。

⑥ 设置下一条要执行的语句。如果要修改某一变量或属性后再执行某条语句以检验是否正确，可以将光标定位到要执行的语句处，然后按 F9 键或选择"调试"|"设置下一条要执行的语句"菜单项，然后，按 F5 键或选择"运行"|"继续"菜单项来恢复执行。

⑦ 结束。结束是立即停止程序运行，并返回设计状态。可以单击"调试"工具栏上的"结束"按钮或选择"运行"|"结束"菜单项，即可使程序停止运行并返回到设计状态。

（3）断点的设置。断点是程序中做了标记的位置。通过断点，可以使程序在需要中断的地方自动停止执行，并进入中断模式。断点通常安排在程序代码中能反映程序执行状况的部位，例如可以在循环中设置断点，以了解每次循环时各变量的值。

① 设置断点。设置断点非常容易，打开"代码编辑器"窗口，将光标定位到将要设置断点的代码行，单击代码窗口的边框位置，或选择"调试"|"切换断点"菜单项。被设置的断点代码行加粗并反白显示，并在边框出现圆点。

② 清除断点。当检查通过后，需要清除断点，可直接单击断点代码行前的边框上的圆点来清除一个断点，或选择"调试"|"清除所有断点"菜单项。

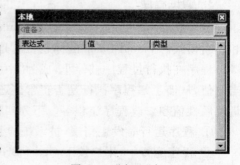

图 C-3 "本地"窗口

（4）调试窗口。Visual Basic 提供了 3 种用于调试的窗口："本地"窗口、"立即"窗口和"监视"窗口。

① "本地"窗口。"本地"窗口可以显示当前过程中所有变量的值。"本地"窗口只能显示本过程。打开"本地"窗口的办法是单击"视图"按钮，选择"本地窗口"命令，如图 C-3 所示。

②"立即"窗口。"立即"窗口可以检测某个变量或属性值，或交互地执行单个过程，也可以显示表达式的值。

在进入中断模式后，默认会显示"立即"窗口。如果没有显示，按 Ctrl＋G 键，或选择"视图"|"立即窗口"菜单项。"立即"窗口可实现以下功能。

- 用 Debug.Print 方法输出信息。调试时在程序代码中添加 Debug.Print 语句，可将信息输出到"立即"窗口，对变量或表达式的值进行监视。当程序调试完成后，应将 Debug.Print 语句删除。

  例如，用 Debug.Print 将循环中的变量输出，如图 C-4 所示。

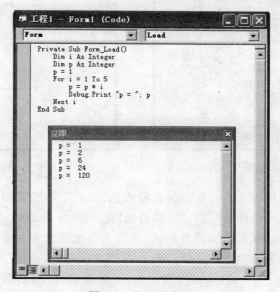

图 C-4　"立即"窗口

- 直接从"立即"窗口打印。进入中断模式后，在"立即"窗口中使用 Print 方法或"?"来检查变量或表达式的值。例如：

```
?A+B
```

- 从"立即"窗口设置变量或属性值。进入中断模式后，可以在"立即"窗口中设置变量或属性的值。例如，给变量赋新值：

```
A= 200
```

- 从"立即"窗口测试过程。从"立即"窗口中可以通过制定参数值来调用过程，以便测试程序的正确性。

  例如，调用过程 Sum 求和：

```
a=10
?Sum(a)
```

将 a 作为 Sum 函数的参数，然后调用 Sum 函数并显示返回值。

③"监视"窗口。"监视"窗口用于在进入中断模式后显示监视表达式。使用"监视"窗口监视表达式的步骤如下。

- 添加监视表达式。单击"调试"按钮,选择"添加监视"命令,则出现如图 C-5 所示的"添加监视"对话框。

  然后在显示的"对话框"中输入表达式,输入上下文的"过程"名和"模块"名。
- 打开"监视"窗口。单击"视图"按钮,选择"监视窗口"命令,则所添加的监视就显示在"监视"窗口中,如图 C-6 所示。

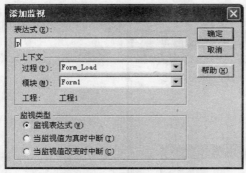

图 C-5 "添加监视"对话框   图 C-6 "监视"窗口

- 编辑或删除监视表达式。要编辑监视表达式,在"监视"窗口中双击该表达式,或选定该表达式后选择"调试"|"编辑监视"菜单项,从弹出的对话框中进行编辑。
- 快速监视。要监视未添加的表达式,可以采用快速监视的方法。在中断模式下,在代码编辑器窗口中选择需要监视的表达式或属性,选择"调试"|"快速监视"菜单项或按 Shift+F9 键,就可以在弹出的"快速监视"对话框中查看相应的值,如图 C-7 所示。

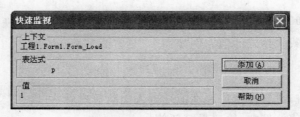

图 C-7 "快速监视"对话框

(5) 调用堆栈。调用堆栈就是显示所有活动过程调用的一个列表。活动过程调用是指已经启动但还未执行完的过程。

在中断模式下,选择"视图"|"调用堆栈"菜单项,或按 Ctrl+L 键,出现"调用堆栈"对话框,如图 C-8 所示。

在对话框中底部显示的是最早调用的过程,依次向上,如果要显示调用过程的语句则单击"显示"按钮。

另外,在调试程序时最简便地查看变量或属性的方法是将鼠标指针停留在要查看的

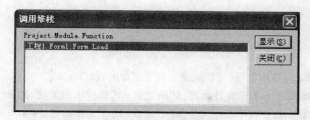

图 C-8　"调用堆栈"对话框

变量上,稍等一会系统就会弹出一个小方框显示当前变量的值。

4. 出错处理程序

运行时引发的任何错误都是致命的,都会导致程序运行的中止。

出错处理程序就是要在程序中捕获错误,对于可能出错的地方添加相应的错误处理程序,使得程序整体上可以正确运行。

错误处理过程为先设置错误陷阱捕获错误,然后进入错误处理程序,最后退出错误处理。

(1) 设置错误陷阱。用 On Error 语句设置错误陷阱,格式如下:

`On Error Goto 语句标号`

Visual Basic 在运行到 On Error 语句时,将设置错误陷阱。当程序的执行过程中出现错误时,系统将自动定向到 On Error 语句标号指定的错误处理程序中。

(2) 编写错误处理程序。错误处理程序是过程中一段语句标号后加":"引导的代码。语句标号标记错误处理程序的开始。错误处理程序依靠 Err 对象的 Number 属性值确定错误发生的原因,通过用 Case 或 IF…Then…Else 语句的形式确定可能会发生什么错误并对每种不同的错误提供处理方法。

(3) 退出错误处理。错误处理程序处理完后,需要退出错误处理并恢复程序的执行,可采用以下语句。

① Resume:重新执行产生错误的语句。

② Resume Next:从产生错误的语句的下一条语句开始执行。

③ Resume 语句标号:从语句标号处开始执行。

④ Err. Raise 错误号:触发错误号的运行时错误,Visual Basic 将在调用列表中查找其他的错误处理过程。

在错误处理程序中,当遇到 Exit Sub、Exit Function、Exit Property、End Sub、End Function 或 End Property 语句时将退出错误处理。

(4) On Error Resume Next 语句。On Error Resume Next 语句可以置错误于不顾,使程序继续执行。当错误发生时,On Error Resume Next 语句设置 Err 对象的属性值,但不执行错误处理程序,可以将错误处理代码放在错误发生的地方,而不必将控制转移到其他位置。

(5) 关闭错误例程。如果在当前过程正在执行时关闭已经启动的错误例程,可以用 On Error Goto 0 语句。在过程中到处都可以用 On Error Goto 0 语句来关闭错误例程。

参 考 文 献

[1]　郑阿奇. Visual Basic 实用教程[M]. 北京：电子工业出版社，2008.

[2]　罗朝盛. Visual Basic 6.0 程序设计教程[M]. 北京：人民邮电出版社，2009.

[3]　赵建敏. Visual Basic 6.0 程序设计教程[M]. 北京：电子工业出版社，2009.

[4]　丁亚明. Visual Basic 6.0 程序设计[M]. 北京：水利水电出版社，2010.

[5]　王珊，萨师煊. 数据库系统概论[M]. 北京：高等教育出版社，2006.